Divulgación Científica

Séptimo Volumen del Décimo Libro de la Serie

365 Selecciones.com

Pedro Daniel Corrado

Este séptimo tomo pertenece al Décimo Libro de la Colección 365Selecciones.com, en donde tratamos temas relacionados con la Divulgación Científica. Los primeros nueve libros de la misma son los 365 Cuentos Infantiles y Juveniles, Poesías Clásicas y Libros Célebres, disponibles en el mismo sitio de internet.

En este tomo nos concentramos en todas las preguntas relacionadas con el planeta en el que vivimos, la Tierra.

Estaremos discutiendo aspectos básicos como las coordenadas de posicionamiento – los Paralelos y Meridianos; Latitud, Longitud, el Ecuador – así como otros temas relacionados con el movimiento de la Tierra - Rotación, Traslación, Precesión, Nutación - junto con los concepto de los Solsticios y Equinoccios. Luego estudiaremos la Gravitación, y por último exploraremos el Interior de la Tierra, discutiendo la Teoría de las Placas Tectónicas y el Vulcanismo.

Todos estos temas resultan un desafío didáctico explicarlo de una manera sencilla para todos los públicos. No obstante, estoy convencido que la antigua colección de Walter Montgomery Jackson lo logró, aunque mucho del material se encuentra completamente actualizado con los nuevos conocimientos.

Necesitamos animarnos a preguntar, ya que ésta fué la única manera de lograr adquirir conocimientos sólidos, y llegar a tener un pensamiento autónomo y capacidad de sana crítica.

La lectura como permanente ejercicio ayuda a disciplinar nuestro intelecto y nuestro espíritu, dotándolos de gran precisión para expresar nuestras propias ideas, y fortalecer de esta manera nuestra independencia de criterio.

Si Usted es una persona adulta, ya formada, se sorprenderá de descubrir que hay mucho material que le será útil volver a leerlo, ya que hay mucha información científica actualizada. Si eres una persona joven te ayudará a entrelazar muchos conocimientos que adquirió en la escuela secundaria.

Si eres un niño o niña, o adolescente, quiero que sepas que he escrito esta colección de divulgación científica especialmente para ti. Los libros nos acompañan toda la vida, y tener una biblioteca propia es de fundamental importancia para abordar los estudios secundarios, terciarios y universitarios.

No te desanimes si hay muchas discusiones que no puedes comprenderlas de inmediato; verás que la manera de abordar cualquier conocimiento es la lectura frecuente, una y otra vez de lo que no hemos entendido, y verás que todo se va aclarando paulatinamente. La paciencia y persistencia es la llave del éxito.

Los otros libros de la Colección incluyen Cuentos Sagrados; Cuentos de la Naturaleza; Cuentos de Reyes y Reinas, Princesas y Príncipes; Cuentos Variados; Cuentos de Hadas, Duendes y Gnomos, Cuentos Heroicos, Poemas Clásicos y Libros Célebres. También estaremos publicando libros de Arte.

Agradezco vuestra confianza y espero que esta colección sea un verdadero Tesoro de toda la familia para toda la vida.

Copyright © 2017 Pedro Daniel Corrado

All rights reserved.

ISBN-13: 978-1542695114 / ISBN-10: 1542695112

EDITORIAL HIGHWAY ES PROPIEDAD DE PATH SOCIEDAD ANÓNIMA ARGENTINA

Editorial HIGHWAY es un emprendimiento de PATH Sociedad Anónima, Argentina. Nos ocupamos de editar y difundir contenido Cultural, Educativo, Científico y Tecnológico de gran calidad pedagógica que forma la base del aprendizaje de toda persona que quiera cultivarse, al mismo tiempo que se entretiene.

Estamos interesados en editar todo tipo de material que profese una alta calidad espiritual e intelectual, que ayude a la niñez y a la juventud, así como a las personas adultas y mayores, en la permanente formación de valores cristianos, y que impulse el espíritu de independencia de criterio y solidez interpretativa, fomentando al mismo tiempo la educación continua.

Estaremos gustosos de recibir sus correos, así que no dude en escribirnos.

Vea todas las Novedades en nuestro sitio www.365selecciones.com

Correo Electrónico: info@365selecciones.com

PATH SOCIEDAD ANONIMA DE ARGENTINA

Clave Fiscal: 30-64999935-6

HIGHWAY es marca registrada de PATH Sociedad Anónima N° 1.789.936 para la Clase 38

CONTENIDO

INTRODUCCIÓN AL PLANETA TIERRA – Pag. 2

LA GRAVEDAD DE LA TIERRA – Pag. 36

EL INTERIOR DE LA TIERRA – Pag. 51

DEDICACION

Deseo dedicar toda esta obra a mi madre Alcira Sorani, quien siempre fue mi sostén en todo momento, y a todos los docentes que me formaron desde mi niñez. Deseo dedicarla también a los Sagrados Corazones de Jesús y la Virgen María, a San Alberto Magno, Santo Tomás de Aquino, San Ignacio de Loyola, y a todos los mártires cristianos.

RECONOCIMIENTOS

Deseo las mayores bendiciones espirituales y materiales para todos mis maestros, profesores, amigos y bienhechores. Un especial recuerdo para el Dr. Luis Enrique Smidt, quien me ayudó y guió en mis comienzos como profesional independiente, así como a la Dra. Viviana Andrea Lerchundi y la Dra. Estela Marta Coria. A mi querida hermana Graciela Alcira y Carlos Martín Erwin Neumann, ambos amigos y socios. Un especial reconocimiento para Walter Montgomery Jackson a quien solo conocí a través de múltiples lecturas que formaron la base de muchos de mis conocimientos.

Divulgación Científica

INTRODUCCIÓN AL PLANETA TIERRA

En esta sección exploraremos los temas introductorios de la Tierra, explicando cuestiones básicas acerca de sus orígenes, localización y movimientos, así como su interacción con el sistema planetario

¿CÓMO PODRÍAMOS LOCALIZAR CUALQUIER LUGAR EN NUESTRO PLANETA?

Esta pregunta se la hicieron antiguos navegantes de nuestro océanos, y la cartografía de la Tierra era considerada secreto de estado, tanto o incluso más que los secretos encriptados de las computadoras gubernamentales actuales.

El completo conocimiento de la cartografía de la Tierra abrían al comercio puertos cruciales y también acceso preferencial a la ocupación de espacios tanto terrestres como insulares.

Haremos algunas definiciones básicas, que luego hay que releerlas para terminar de entender el cuadro general para responder esta pregunta.

Definamos primero que se entiende por Paralelo. Se denomina **Paralelo** al círculo formado por la intersección del geoide terrestre con un plano imaginario perpendicular al eje de rotación de la Tierra.

Sobre los paralelos, y a partir del meridiano de Greenwich, meridiano que se toma como origen, se mide la longitud —el arco de circunferencia expresado en grados sexagesimales (360 grados sexagesimales es una circunferencia completa)—, que podrá ser Este u Oeste, en función del sentido de medida de la misma.

A diferencia de los meridianos, los paralelos no son circunferencias máximas, salvo el ecuador, es decir no contienen el centro de la Tierra.

El ángulo formado, con vértice en el centro de la Tierra, sobre cualquier plano meridiano por un paralelo y la línea ecuatorial se denomina latitud, y es la misma para todos los puntos del paralelo, la cual se discrimina entre latitud Norte y latitud Sur según el hemisferio.

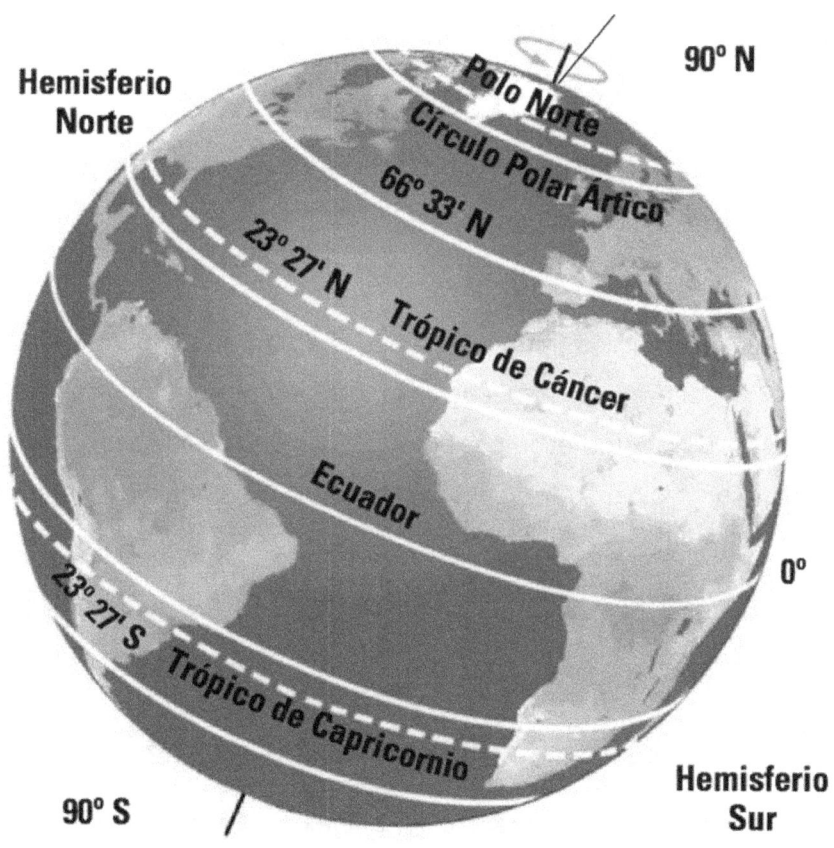

Existen cinco paralelos notables o principales que se corresponden con una posición concreta de la Tierra en su órbita alrededor del Sol y que, por ello, reciben un nombre particular:

Círculo polar ártico (latitud 66° 33' N = 90° - 23° 27'). Es el paralelo más al Norte en el cual tienen lugar la noche polar y el sol de medianoche en el hemisferio Norte. Estos eventos ocurren en los solsticios de invierno (diciembre) y verano (junio) respectivamente.

Trópico de Cáncer (latitud 23° 27' N). Es el paralelo más al Norte en el cual el Sol alcanza el cenit. Esto ocurre en el solsticio de junio.

Ecuador, (latitud 0°). En el Ecuador el Sol culmina en el cenit en el equinoccio de primavera y de otoño.

Trópico de Capricornio (latitud 23° 27' S). Es el paralelo más al Sur en el cual el Sol alcanza el cenit. Esto ocurre en el solsticio de diciembre.

Círculo polar antártico (latitud 66° 33' S). Es el paralelo más al Sur en el cual tienen lugar la noche polar y el sol de medianoche en el hemisferio Sur. Estos eventos, en el círculo polar antártico, ocurren en los solsticios de invierno (junio) y verano (diciembre) respectivamente.

Estos ángulos son determinados por la oblicuidad de la eclíptica (aprox. 23° 27').

¿QUÉ ES LA LÍNEA DEL ECUADOR, LA LATITUD Y LA LONGITUD?

El **Ecuador** es el plano perpendicular al eje de rotación de un planeta y que pasa por su centro. Divide la superficie del planeta en dos partes: el hemisferio norte y el hemisferio sur. Por definición, la latitud del Ecuador es 0°. La circunferencia ecuatorial de la Tierra mide unos 40.075 km. Su radio es de 6.378 km

La **Latitud** es una línea imaginaria paralela al Ecuador terrestre y proporciona la localización de un lugar, en dirección Norte o Sur desde el ecuador y se expresa en medidas angulares que varían desde los 0° del Ecuador hasta los 90°N del polo Norte o los 90°S del polo Sur.

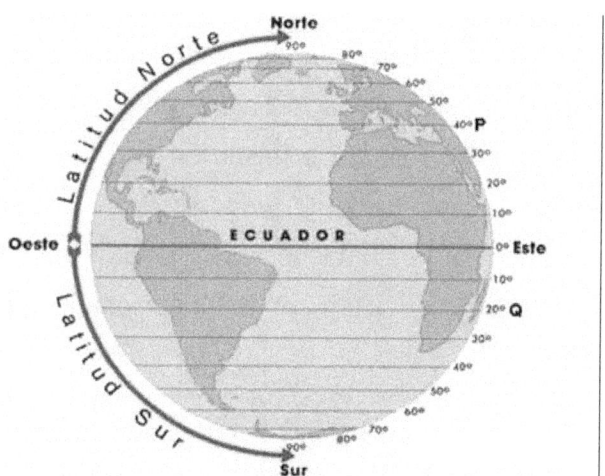

La **Longitud** es una línea imaginaria tendida entre los polos norte y sur, y perpendicular a la línea del Ecuador, es decir es una línea vertical a diferencia del Ecuador y la Latitud.

Cuando nos referimos a una localización específica la Longitud pasa a llamarse **Meridiano**.. El más usado es el llamado **Meridiano de Greenwich,** en el cual la longitud es 0°.

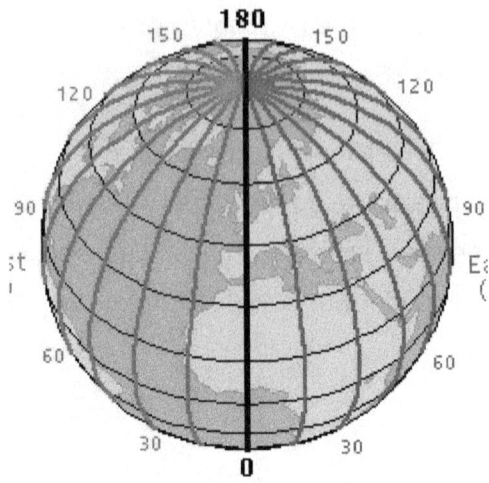

Se habla de Longitud Este cuando medimos los grados desde el Meridiano de Greenwich hacia el Este y viseversa con la Longitud Oeste. Se toma como referencia hasta los 180° en un caso u otro. Por ejemplo es lo mismo decir 90ª grados de Longitud Este o 270ª de Longitud Oeste. Pero es indispensable aclarar respecto de qué Meridiano siendo casi siempre el mencionado Meridiano de Greenwich.

Podemos inferir la importancia de todo esto en la necesidad de precisar la ubicación de cualquier punto de la Tierra usando estas definiciones, y entendiendo qué significan.

Por ejemplo Buenos Aires, Argentina se encuentra a 34° 35' 59" S y 58° 22' 55" O. Esto quiere decir a 34 grados, 35 minutos y 59 segundos del arco al sur del Ecuador, y 58 grados, 22 minutos y 55 segundos al Oeste del Meridiano de Greenwich.

¿CUÁLES SON LAS CARACTERÍSTICAS PRINCIPALES DEL MOVIMIENTO DE LA TIERRA?

Comprender el movimiento de la Tierra es de extrema importancia para entender a cabalidad todo lo concerniente al clima y a las estaciones, así como los fenómenos oceánicos y atmosféricos.

Sabemos que existen los movimientos principales: **rotación de la Tierra sobre su propio eje**. Se realiza de Oeste a Este y determina el día y la noche, ya que la Tierra expone distintas partes de su superficie hacia el Sol. Tiene 24 horas de duración. Es el movimiento más sencillo de entender, ya que lo vivimos a diario.

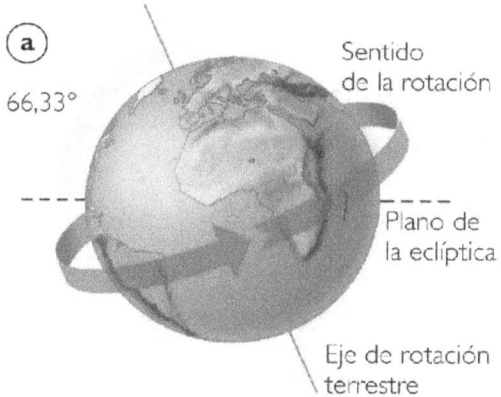

Vemos que el eje que atraviesa los polos y el centro de la Tierra está inclinado 66,33° respecto del plano de la Eclíptica. Llamamos **Eclíptica** al plano que atraviesa el centro de la Tierra con el centro del Sol, es decir es el plano en donde se produce la traslación de la Tierra alrededor de éste.

Luego tenemos el movimiento de **Traslación** de la Tierra alrededor del Sol. Describe la órbita de una elipse. Tiene 365 días de duración.

El hecho de que la Tierra no describa en torno del Sol un círculo, sino una elipse, como sabemos todos, de manera que su distancia a dicho astro varía constantemente.

El conocimiento de la manera como se mueve la Tierra alrededor del Sol contribuyó en gran manera a que Newton descubriese las leyes de la gravitación de los cuerpos.

Pero la órbita de la Tierra, aunque no es un círculo perfecto, se aproxima mucho a serlo; y las diferencias existentes entre sus distancias al Sol en las diversas estaciones, es demasiado pequeña para que pueda influir en el estado del tiempo.

Es posible que hace millones de años la órbita de la Tierra fuese mucho más elíptica que ahora, y en este caso la diferencia de sus distancias al Sol podría ejercer considerable influencia sobre el clima, pero en la actualidad no es así.

El Sol se halla en uno de los focos de la elipse, es decir un corrido del centro. Cuando la Tierra se halla en el punto más próximo a Sol se dice que se encuentra en el **perihelio**, y ocurre a principios de Enero, cerca del día 4. El punto más alejado entre la Tierra y el Sol se llama **afelio**, y ocurre a principios de Julio, también cercano al día 4.

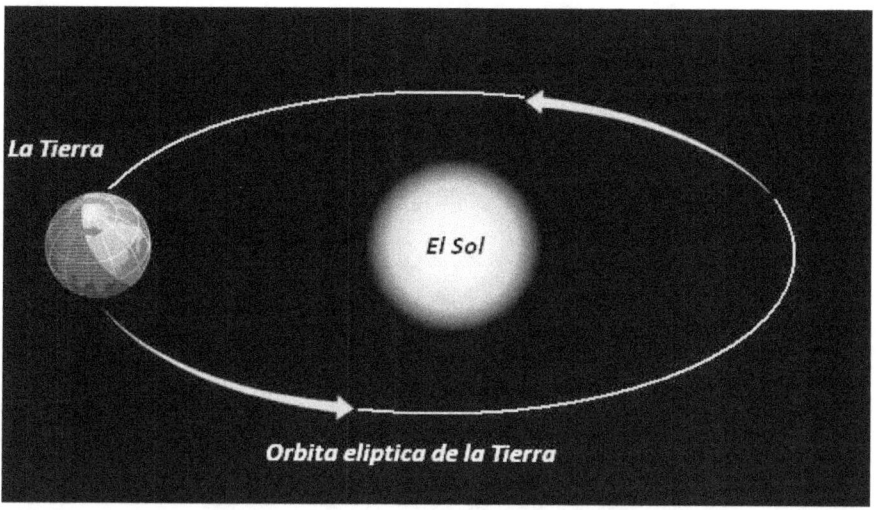

El movimiento de traslación no afecta en lo absoluto a las estaciones, siendo este movimiento muy provechoso para la astronomía observacional, ya que pueden visualizarse distintas constelaciones y galaxias a lo largo del año.

Existen también otros movimientos importantes como el de la **precesión** y **nutación**, ya mencionados en el volumen sexto de esta Serie de Divulgación Científica.

La Luna, mediante su influencia gravitacional sobre nuestro planeta, hace que el eje de la Tierra tenga suaves movimientos sobre el citado eje: rotación, precesión y nutación.

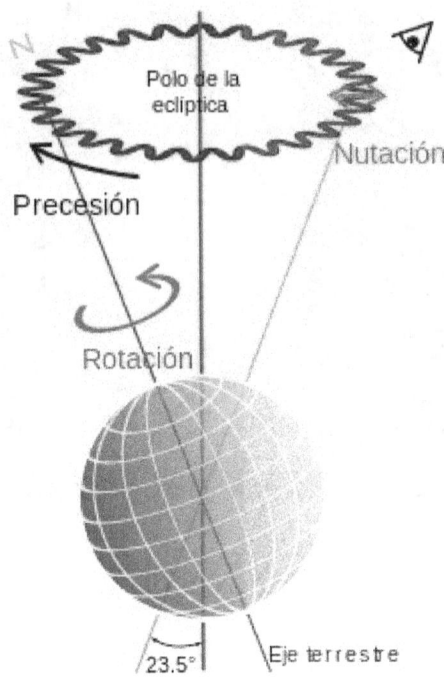

El que determina de manera decisiva las estaciones del año es el de **precesión**, el cual podemos asociarlo al movimiento bamboleante de un trompo que gira. El de **rotación** determina el día y la noche. El de **nutación** permite evaluar la actividad del magma interna de la Tierra, que es la que regula la actividad volcánica en nuestro planeta.

Tenemos por último que definir qué se entiende por **solsticio** y por **equinoccio**.

En los días de **solsticio, la duración del día y la altitud del Sol al mediodía son máximas** (en el solsticio del verano boreal) **y mínimas** (en el solsticio del invierno boreal) comparadas con cualquier otro día del año. La palabra solsticio viene del latín solstitium (sol sistere), es decir "Sol quieto", en su máxima altura o declinación.

Como podemos ver en el siguiente grabado, en el solsticio de verano del Hemisferio Norte (boreal) el Sol alcanza el cenit (posición máxima en el cielo) al mediodía sobre el trópico de Cáncer (arriba del Ecuador), y en el solsticio de invierno alcanza el cenit al mediodía sobre el trópico de Capricornio (abajo del Ecuador). Ocurre dos veces por año: el 20 o el 21 de junio y el 21 o el 22 de diciembre de cada año.

Astronómicamente, los solsticios son los momentos en los que el Sol alcanza la máxima declinación norte (+23° 27') o sur (−23° 27') con respecto al ecuador terrestre.

En el siguiente grabado podemos comprender con cierta precisión lo que ocurre con el impacto de los rayos solares en los distintos puntos del globo terráqueo.

Vemos que durante los solsticios la luz solar impacta de lleno en el Hemisferio Boreal (norte) y por eso es verano allí, mientras que tienen estos rayos la máxima inclinación en el Hemisferio Austral (sur); y durante el solsticio de invierno los rayos solares impactan de lleno en el Hemisferio Austral (verano) y alcanzan la máxima inclinación el Hemisferio Boreal (invierno).

Veremos una explicación más detallada de qué tiene que ver la inclinación de los rayos solares con las estaciones cuando tratemos el tema el clima de la Tierra más adelante en este volumen.

En los equinoccios, el día tiene una duración igual a la de la noche en

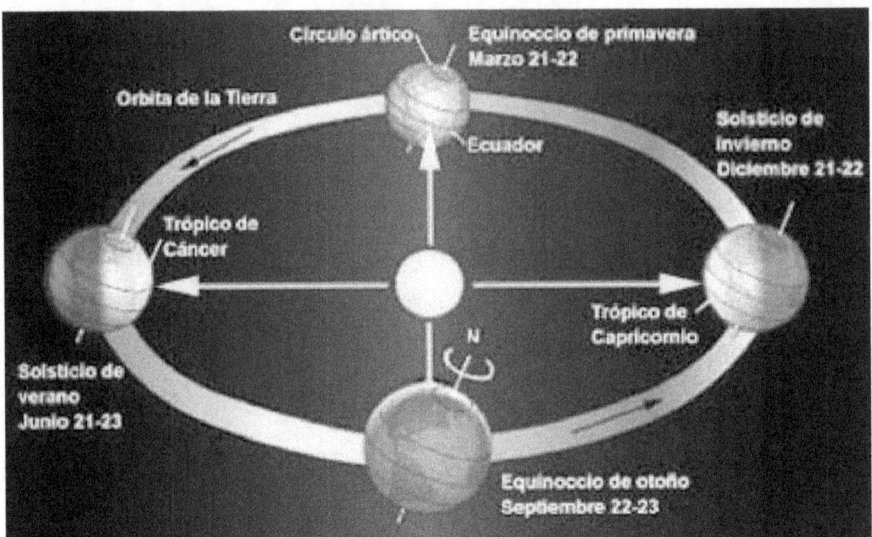

todos los lugares de la Tierra, del latín aequinoctium (aequus nocte), "noche igual". En el equinoccio sucede el cambio de estación anual contraria en cada hemisferio de la Tierra, es decir primavera boreal en el equinoccio de primavera (otoño austral) y viceversa.

Es importante aclarar que el solsticio de invierno (21-22 de diciembre) difiere por algunos días del perihelio (4 de enero); y el solsticio de verano (junio 21-23) con el afelio (4 de julio).

¿QUÉ EXISTÍA EN EL LUGAR DE LA TIERRA ANTES DE QUE ÉSTA SE FORMASE?

Los astrónomos no se encuentran muy seguros con respecto a la naturaleza de la materia que existía en el espacio, antes que se formase nuestro globo, el cual gradualmente hubo de convertirse en la Tierra que habitamos. Esta materia debió de pasar probablemente por varias etapas, bastante diferentes entre sí.

Una de las opiniones más generalizadas, y que más visos de verdad tiene por cierto, es que la última forma que tuvo esta materia antes de configurar la Tierra fué la de una inmensa nube de gas incandescente.

Su temperatura hubo de ser extraordinariamente elevada, como nos lo prueban las rocas y otros objetos, y por efecto de esta circunstancia, debió de ocupar mucho espacio. La Tierra que habitamos actualmente es muy pequeña, comparada con aquel inmenso globo de gas; pero en cambio es mucho más densa, toda vez que se ha ido contrayendo constantemente durante innumerables siglos, y sigue contrayéndose aún.

Se nos preguntará cuál fué el origen de este globo de gas. Se dice que se formó, separándose de esa gran masa, cuya parte más importante y central es nuestro sol.

Los restantes planetas se formaron de igual modo, y por eso encontramos en ellos, y en la Tierra, la misma materia que en el sol. Este globo era en realidad un Sol pequeño, como lo es todavía el gran planeta Júpiter, y su temperatura era tan elevada, que debía emitir su luz propia.

¿FUÉ SIEMPRE DE 150.000.000 DE KILÓMETROS LA DISTANCIA QUE SEPARA LA TIERRA DEL SOL?

Siempre y nunca son dos adverbios que entrañan trascendencia extraordinaria, y las personas que los emplean con frecuencia, suelen demostrar que poseen mayor atrevimiento que prudencia.

Desde luego, ni el Sol ni la Tierra existieron siempre. Ambos tuvieron principio. y no cabe duda de que ambos comenzaron su existencia de un modo semejante y hacia la misma época.

En los últimos años hemos empezado a adquirir nociones más claras sobre todo esto, especialmente porque hemos aprendido mucho acerca de los restantes planetas del sistema solar; de su naturaleza, temperatura, y de lo que ocurre en ellos.

Parece probable que la Tierra se formase a la misma distancia del Sol, aproximadamente, a que hoy se encuentra. Y no decimos exactamente a la misma distancia, porque, a decir verdad, ésta, debe ir variando en la actualidad lentamente; pero cada vez es más verosímil, que no sólo la Tierra, sino también los otros planetas, se formasen en el espacio de la gran nebulosa que existía antes del sistema solar, a las mismas distancias, sobre poco más o menos, que se encuentran hoy unos de otros; formándose al mismo tiempo el Sol, en virtud de las mismas leyes, en un punto que era, y sigue siendo, el centro de todo el sistema.

¿ES NUESTRA TIERRA UN SATÉLITE DE OTROS MUNDOS?

La Tierra tiene un satélite, al que damos el nombre de Luna; Saturno tiene sesenta y nueve; Júpiter, sesenta y siete, y así sucesivamente. Se entiende por satélite un cuerpo que gira en el espacio alrededor de otro cuerpo celeste, que se suele llamar primario del satélite.

Por consiguiente, nuestra Tierra, y todos los demás planetas, son satélites del Sol. Pero sólo de este astro es nuestro globo satélite, porque únicamente en torno de él gira.

Es muy posible que el Sol gire a su vez alrededor de alguna otra estrella, siendo así una especie de satélite de ella, y, en este caso, todos los astros del sistema solar, sin exceptuar la Tierra, vendrían a ser satélites de dicha estrella.

Hoy sabemos que el Sol, y todo nuestro sistema planetario, giran en torno al centro de la Vía Láctea, con un período orbital de 225 a 250 millones de años.

¿CUÁL ES EL TAMAÑO DEL MUNDO?

Sabemos que el mundo es casi redondo. La distancia que separa al Polo Sur del Polo Norte, pasando por el centro del planeta, es, aproximadamente, de 12.713 kilómetros. y la que existe entre dos puntos del ecuador, situados a los extremos de una recta que pase por el centro, es de unos 12.756 kilómetros. La circunferencia de la Tierra es de unos 40.000 kilómetros. El área total del globo, es de 509.950.700 kilómetros cuadrados.

Es el mundo una gran masa de agua y tierra, rodeada de aire. Da vueltas como un trompo; gira alrededor del Sol, y se mueve además conjuntamente con todas las estrellas del cielo, de una manera indefinida y continua. Es tan extraordinario el tamaño de nuestro globo, que la imponente cordillera de los Andes no es en su superficie más que como la protuberancia que forma sobre el terreno la madriguera de un topo.

Y si la mole inmensa de los Andes resulta tan pequeña comparada con el volumen de la Tierra, ¿qué será el hombre, si lo parangonamos con ella?. Un simple grano de arena.

¿QUÉ ES LO QUE SOSTIENE A LA TIERRA FLOTANDO EN EL ESPACIO?

La Tierra, en realidad, no flota en el espacio: se mueve sin cesar. Nada flota en el espacio. Lo mismo el Sol, que la Luna y los planetas se hallan siempre en continuo movimiento, según sabemos todos. Se creía antiguamente que las estrellas permanecían fijas; y por eso se les daba el nombre de estrellas fijas, para diferenciarlas de los planetas.

Pero se ha comprobado que las estrellas se mueven también. En ninguna parte existe algo que esté en reposo; nada flota en el espacio; todo, por el contrario, navega por él.

Sabemos que todos estos movimientos provienen del estallido llamado "Big Bang", la colosal explosión inicial que dió origen al Universo.

La verdadera idea que deberíamos tener es que nada "cae", o "flota" ante la ausencia de gravedad. Este campo de fuerzas decae con rapidez con la distancia, y solo "cae" cuando se encuentra en presencia de un cuerpo masivo.

La Tierra en el espacio no es la de una esfera que flota, sino la de un cuerpo que gira en torno del Sol, y que, si se detuviera de pronto, se precipitaría sobre este astro con velocidad vertiginosa, y en pocos instantes desaparecería para siempre, absorbido por su masa; y también que el Sol, la Tierra y todos los demás astros que forman el sistema solar, se trasladan por el espacio con una velocidad de varios kilómetros por segundo.

Hoy sabemos que todo el movimiento de nuestro sistema planetario se dirige hacia la Galaxia Andrómeda, y que algún día, en un futuro muy lejano, se fusionará con ella.

¿POR QUÉ NO SE INTERPONE LA TIERRA EN EL CAMINO DE LOS OTROS MUNDOS?

Sabemos que la Tierra, así como los restantes planetas, se mantienen en sus órbitas respectivas por la atracción del Sol; de suerte que, como ninguno de ellos puede salirse de ella, no es posible que se interpongan en el camino que siguen los demás.

Pero si algún otro cuerpo celeste penetrase, podría ocurrir un choque entre él y la Tierra, o alguno de los otros planetas. Esto sucede algunas veces. Los cometas, que son en cierto modo mundos independientes, aun cuando muy pequeños, penetran algunas veces, atraídos por el Sol, en el sistema solar, y son separados de sus trayectorias por la influencia de algún planeta.

Júpiter es un plantea gigantesco, y se halla más lejos del Sol que la Tierra, por eso él suele ser el que se interpone en la órbita de algunos cometas, y al contrario. Júpiter ha podido apresar de este modo varios cometas, y si no los ha apresado realmente, los ha hecho mudar de dirección, como tenemos que hacer nosotros cuando alguien se nos pone delante. Es muy posible que los satélites de Júpiter hayan sido apresados de este modo.

Es probable que fuesen mundos independientes hasta que se acercaron demasiado al gigantesco planeta, que los apresó, obligándolos a girar en torno suyo, como hacen todos sus satélites.

¿CÓMO CONOCEMOS QUE LA TIERRA SE MUEVE?

Hace no muchos siglos atrás se descubrió una manera de demostrar el movimiento de la Tierra, que consiste en observar el movimiento de algún objeto que gire, algo parecido a un trompo, y es fácil descubrir que parece variar la dirección de su giro en una forma que sólo puede explicarse satisfactoriamente admitiendo que la Tierra, sobre la cual gira, lo hace también a su vez.

Pero todo el mundo sabía que la Tierra se hallaba en movimiento, mucho antes de descubrirse este nuevo sistema de demostración. En realidad, nos damos cuenta de que nuestro globo se mueve de la misma manera que advertimos que está en movimiento un tren, que se desliza tranquilo sobre rieles muy suaves, es decir, porque vemos que se mueven los objetos que están próximos.

Los objetos que nos demuestran el movimiento de un tren son: los postes del telégrafo, los campos y las casas; y el de la Tierra; el Sol, la luna y las estrellas, y aun los mismos cometas, siempre que sean visibles.

Todos los cuerpos celestes, sin excepción alguna, parece que salen por Oriente, que recorren la bóveda celeste, y se ponen por Occidente, y este fenómeno es imposible de explicar, si no se admite que la Tierra gira, yendo al encuentro del Sol, la luna y las estrellas, cuando estos astros salen, y alejándose de ellos cuando se ponen.

¿SE MUEVEN TODOS LOS OBJETOS EN EL ESPACIO?

Desde luego podemos afirmar que el Sol y la Luna, y según se ha descubierto, las mismas estrellas que antes solían llamarse « fijas », tienen movimientos propios; pero el que nos demuestra que la Tierra se mueve es el llamado movimiento aparente de estos astros, porque es un movimiento ficticio, no real; la Tierra es la que se mueve, y no ellos.

Los caracteres de este movimiento, son: primero el ser común a todos los cuerpos celestes, aunque sus movimientos propios respectivos sean completamente distintos entre sí; y segundo, el ser diurno.

La mejor demostración, por consiguiente, del movimiento de la Tierra es el movimiento diurno, común a todos los cuerpos celestes, movimiento que no puede explicarse sino admitiendo que la Tierra ejecuta una revolución sobre su eje en el término de un día; de la misma manera que la mejor prueba de que un tren se encuentra en movimiento es el movimiento aparente común a todos los objetos que va dejando atrás por ambos lados, incluso de las vacas y caballos y demás animales que caminen en direcciones opuestas entre sí. Este último movimiento es el que llamamos propio; todas las cosas se mueven.

¿CÓMO LOS HOMBRES NO DEDUJERON, AL CONTEMPLAR LOS ECLIPSES, QUE LA TIERRA ERA REDONDA?

Desde luego, en los eclipses del Sol la sombra de la Luna nada podía decirles acerca de la redondez de la Tierra; de suerte que, para que nuestra pregunta sea correcta, debiéramos decir « los eclipses de la luna » y no sencillamente « los eclipses » de un modo general.

Desde el momento en que los eclipses de la luna se deben, como sabemos, a que la Tierra proyecta su sombra sobre la superficie del satélite, impidiendo de esta suerte que la luz del Sol llegue a él, justo es pensar que la forma de la sombra debiera revelarnos la de la Tierra, de la misma manera que nuestra sombra dibuja la de nuestro cuerpo.

Ahora bien; dicha sombra es circular, es decir, que es la sombra de un globo o esfera, y, desde el momento en que sabemos que quien la proyecta es la Tierra, debemos deducir que ésta es redonda.

Pero este importantísimo argumento, tan interesante actualmente, no podía ser aplicado en los días en que los hombres disputaban acerca de la forma de la Tierra. Sólo tiene valor, cuando se sabe lo que un eclipse de luna es realmente, y esto sólo podemos saberlo cuando tenemos en la mente una imagen del sistema solar, tal como es, real y efectivamente, con la luna moviéndose alrededor de la Tierra, y ésta, a su vez, girando en torno del sol.

Y, aunque esto nos parece tan natural y sencillo, debemos recordar que no lo hemos inventado nosotros, y que costó mucho tiempo y trabajo el descubrirlo. Este es el motivo por el cual los que defendían antiguamente la redondez de la Tierra, no podían alegar la forma de la sombra en los eclipses de luna como argumento para demostrar su teoría. Nadie sospechaba que esto tuviera nada que ver en el asunto.

¿GIRABA LA TIERRA MAS DE PRISA ANTES DE ENFRIARSE?

Es difícil contestar a esta pregunta de una manera categórica, pues, claro está, no había nadie en la Tierra para observar lo que entonces ocurría. Sin embargo, hay poderosas razones para suponer que la velocidad con que la Tierra da vueltas disminuye gradualmente; lo cual, desde luego, significa que en tiempos remotos esa velocidad era muchísimo mayor.

Lo que llamamos un día es el tiempo que tarda la Tierra en dar una vuelta sobre sí misma. Parece ahora probable que la Tierra, digámoslo así, se retrasa unos cuantos segundos cada siglo; y los cálculos que se han efectuado últimamente con mucho cuidado, si bien, por supuesto, siempre subsistirán ciertas dudas, nos inclinan a creer que **hubo un tiempo en que el día, es decir, la rotación de la Tierra, duraba sólo cuatro horas en lugar de veinticuatro**, y que en un porvenir muy lejano, durará treinta o todavía más.

Esta disminución de la velocidad con que gira la Tierra, se debe principalmente a las mareas que se producen en su superficie, por efecto, en primer término, de la atracción de la Luna, y también, hasta cierto punto, por la influencia del Sol.

Estas mareas debieron producirse ya mucho antes de que la Tierra se enfriara, aunque no consistían entonces en agua, sino más bien en materias derretidas, que luego se solidificaron para formar las rocas de que se compone la corteza terrestre.

Las mareas actúan como un freno, que por su rozamiento constante con la superficie de la Tierra, mientras ésta ejecuta su rotación, tiende siempre a retardar el movimiento de que está animada.

¿DEJARÁ DE GIRAR ALGUNA VEZ LA TIERRA ALREDEDOR DE SU EJE?

Se sabe de un modo cierto que ningún objeto deja de girar o de moverse si algo no lo detiene. Un trompo giraría incesantemente a no ser por la resistencia que el aire y su base de sustentación le presentan.

La pregunta, por lo tanto, debiera formularse en estos términos: ¿Sabemos si ocurre algo actualmente, o que tal vez ocurra en lo futuro, que pueda parar el movimiento giratorio de la Tierra?.

La respuesta es que las mareas producen este efecto, si bien habrán de transcurrir muchos millones de arios, antes de que se haga patente, y que por lo tanto, es factible que llegue un día, inconcebiblemente remoto, en que cese el movimiento giratorio de la Tierra, al menos teóricamente, si es que Sol no la devora antes, en su fase expansiva, antes de convertirse en enana blanca.

¿SEGUIRÁ LA TIERRA MOVIÉNDOSE CON LA MISMA VELOCIDAD, ETERNAMENTE?

No; acabamos de ver que el día se va alargando, porque las mareas van retardando el movimiento de este trompo colosal que hemos bautizado con el nombre de Tierra.

Si colocamos un dedo sobre la superficie de un trompo mientras gira, retardaréis su movimiento; empleará mayor tiempo en cada rotación; y si existiese un foco luminoso en un ángulo de la estancia y hubiese en la superficie del trompo un ser viviente, dotado de inteligencia, advertiría que su «día» se había hecho más largo. Esto nada tiene que ver con el aumento y disminución de los días en las diversas estaciones del año ; nos referimos tan sólo al día real, de veinticuatro horas, que viene a ser una revolución completa del trompo colosal en que habitamos.

¿VERÍAMOS GIRAR EL MUNDO, SI PERMANECIÉSEMOS QUIETOS EN UN GLOBO EN UN PUNTO FIJO DEL CIELO?

Sí; y por cierto que presenciaríamos a nuestros pies un espectáculo admirable, porque veríamos desfilar por debajo de nuestra vista los objetos de la superficie terrestre a una velocidad veinte veces mayor que la de un tren expreso.

Además, si nos elevásemos durante el día, jamás se nos haría de noche, y al contrario; pues, cualquiera que fuese nuestra posición respecto al Sol, en ella permaneceríamos indefinidamente.

Pero todo esto es imposible, porque un globo que flota en el aire es arrastrado por éste en su movimiento giratorio, simultáneo con el de la Tierra.

Esto sería posible si se tratase de una aeronave, que pudiese navegar a través del aire con la misma velocidad que éste camina en unión de la Tierra, y en opuesta dirección. Sólo de esta manera lograría permanecer fija en un mismo lugar, y las personas que la tripulasen verían girar la Tierra a sus pies.

Pero nuestro globo tiene 40,000 kilómetros de circunferencia, y completa una revolución alrededor de su eje en veinticuatro horas; de suerte, que para ello, sería necesario que la aeronave marchase con una velocidad terrible, unas diez veces mayor que la de los automóviles mas rápidos.

¿QUÉ OCURRIRÍA SI EL MUNDO GIRASE EN SENTIDO CONTRARIO?

Esta pregunta puede tener dos significados distintos, porque la Tierra posee, como sabemos, dos movimientos giratorios principales. Gira alrededor del Sol, y gira al mismo tiempo alrededor de su propio eje.

El hecho de que cualquiera de estos dos movimientos cambiase de sentido, no tendría consecuencias importantes. Seguiríamos teniendo, como ahora, noche y día y estaciones, que son los resultados de sus actuales movimientos.

Claro es que si éstos se invirtiesen de repente, las consecuencias serían desastrosas; pero esto es otra cuestión muy distinta.

La dirección en que gira la Tierra tiene gran importancia cuando se trata de interpretar el mundo en que habitamos y su historia.

¿QUÉ NOS ENSEÑA EL HECHO DE QUE TODOS LOS MOVIMIENTOS DE LOS CUERPOS CELESTES CONOCIDOS SE EFECTÚEN EN EL MISMO SENTIDO?

El hecho de que el Sol, la Luna y los planetas que podemos observar giren todos en el mismo sentido alrededor de su eje, y de que todos los planetas **giren también alrededor del Sol en idéntica dirección**, que es la misma en que giran alrededor de su eje, es de la mayor importancia para guiamos hacia la verdadera noción relativa a la historia del sistema solar, a que pertenecemos.

Este hecho importantísimo nos indica que todos los movimientos que observamos en el sistema solar tienen un origen común. Son, indudablemente los actuales representantes, por decirlo así, del movimiento de la nebulosa espiral, de que hubo de formarse el sistema solar.

Existen una o dos excepciones aparentes de esta regla, siendo la principal, el movimiento de cierto satélite, de Saturno, que gira alrededor de este planeta en sentido contrario.

Este caso notable parece indicar que el tal satélite tiene probablemente una historia especial; y hay razones para creer que haya sido algún día del todo independiente de Saturno, y que ha caído andando el tiempo, en la esfera de atracción de este planeta.

¿MUDA CONSTANTEMENTE DE LUGAR LA MATERIA CONTENIDA EN LA

TIERRA Y EN EL AIRE?

Contestaremos que sí, y si se nos hiciera igual pregunta respecto a la materia que forma el mar y el aire, la respuesta sería también afirmativa. Existe una circulación incesante entre la superficie de la Tierra y del mar, y las capas inferiores del océano de aire que los cubre.

El agua, pongamos por caso, es constantemente absorbida, en forma de vapor por el aire, del cual pasa a formar parte; mientras, por otro lado, el vapor de agua del aire pasa con frecuencia a la Tierra de muy diversos modos: en forma de rocío o lluvia, por ejemplo.

Además, los gases que componen el aire, especialmente el oxígeno y el ácido carbónico, están sin cesar pasando de él a los cuerpos de todos los seres vivientes de la Tierra; y, por último, a cada momento, dejan al aire varios gases para disolverse en el agua, o dejan ésta para incorporarse a aquél.

Sería curioso poder marcar un átomo de oxígeno, y seguirle la pista sin cesar durante un año o dos, viéndole entrar y salir en los cuerpos de los seres vivientes, en la Tierra y en el mar.

Y, si tenemos presente que todos los demás átomos de oxígeno, y de otros cuerpos también, se comportan de igual modo, podremos empezar a hacernos cargo de la maravillosa actividad en que vive nuestro planeta.

Al reflexionar sobre este punto, se siente uno movido a pensar que el mundo entero está vivo, tomando esta palabra en un sentido análogo al que le damos en las plantas.

¿POR QUÉ NO SE QUEMÓ LA TIERRA CUANDO ERA UN GLOBO DE FUEGO?

Sabemos que la combustión es el resultado de la combinación de los cuerpos con el oxígeno. Sabemos, además, que muchas substancias se queman cuando su temperatura se eleva. Si regían estas mismas leyes en épocas remotas, la Tierra debió quemarse. La respuesta es que la Tierra se quemó casi completamente, por lo que a su parte exterior se refiere.

Todo el mar está quemado; toda el agua que existe en el mundo se formó mediante la combustión del hidrógeno, y casi todo esto ocurrió hace muchísimo tiempo, cuando la Tierra empezaba a enfriarse, y a dejar de ser un globo de fuego.

No sólo se quemaron los mares, sino también las Tierras. No podemos quemar arcilla ni las rocas ni las piedras, por la sencilla razón de que son el resultado de la combustión u oxidación de la Tierra, que tuvo efecto hace millones de años, cuando ésta empezaba a enfriarse.

Aparte de ciertas substancias, en cuya producción ha intervenido la vida, como ocurre, por ejemplo, en la hulla, existen muy pocas materias en la superficie terrestre que no estén quemadas ya; quemadas precisamente en la forma a que alude la pregunta.

¿DISMINUYE LA TIERRA DE VOLUMEN?

La respuesta a esta pegunta a esta pregunta debe ser desde luego afirmativa; pero- entiéndase bien que, aunque disminuye de volumen, su masa no se altera. La Tierra puede disminuir de volumen por contracción, sin perder parte alguna de la materia que la integra, o por pérdida de una parte de esta materia. O dicho de otro modo, puede disminuir de volumen por contracción o por desgaste.

Estamos persuadidos de que la Tierra disminuye de volumen por contracción, pues sabemos que de continuo pierde calor, y que los cuerpos todos se contraen al enfriarse. Se supone que la causa principal de los temblores de Tierra es la contracción que sufre el interior del planeta a causa de su enfriamiento; de tal suerte que queda sin apoyo la corteza que habitamos.

Respecto a la posibilidad de que la Tierra disminuya de volumen por desgaste, no cabe duda de que va perdiendo lentamente cierta cantidad de los gases de su atmósfera, por una especie de derrame de las capas exteriores.

Pero, en cambio, llegan a ella constantemente ciertos cuerpos que le traen nueva materia, procedente de los espacios interplanetarios, siendo, a nuestro entender más importantes las ganancias que obtiene de este modo, que las pérdidas que experimenta por el motivo indicado anteriormente.

Se sabe hace muchos años que la Tierra vive dentro de una lluvia más o menos constante de meteoros, los cuales pasan a formar parte de ella, tanto si consiguen llegar a su superficie, como si se quedan por completo en el aire.

En nuestros días se cree también que el Sol está arrojando siempre y en todas direcciones diminutas partículas de átomos llamados electrones, y que nuestro planeta se apropia un número extraordinario. Es el denominado viento solar, que cuando es muy intenso, altera profundamente las comunicaciones electrónicas.

¿SE CONTRAERÁ TANTO LA TIERRA, QUE ACABE POR DESAPARECER?

Se cree que, si bien todos los cuerpos del universo están sujetos a transformaciones, nunca se crea ni se destruye nada. Puede decirse que el primer hecho de que se hicieron cargo los hombres, en cuanto empezaron a pensar, es el de que de la nada no sale cosa alguna, así como no hay cosa que vuelva a la nada.

La pregunta que encabeza este párrafo ha de contestarse, pues, negativamente. Si la Tierra dejase algún día de existir, sería por caer en algún otro mundo como el Sol, o porque habría ido perdiendo continuamente partículas de su substancia hasta que no quedase nada. No es posible que con sólo encogerse quedara reducida a nada, como aparece bien claro, si nos fijamos en el sentido de la palabra encogerse o contraerse.

Encogerse un objeto, significa que decrece su tamaño o capacidad. Cuanto más se comprime una substancia, más se encoge; sus dimensiones disminuyen; pero la cantidad de materia no varía.

Una bola metálica se contrae cuando se enfría, y se dilata cuando se calienta; pero la cantidad de metal es siempre la misma. Lo que aumenta es su densidad; al paso que se hace más pequeño el cuerpo, su peso es más elevado, en proporción al tamaño.

Esto es justamente lo que le ocurre a la Tierra según se va enfriando. No pierde casi nada de la materia que la compone; se le agrega, por el contrario, la de las estrellas fugaces que proceden del espacio y que caen en su superficie junto con el polvo cósmico.

En resumen, lo único que hace es comprimirse cada vez más su materia. Únicamente sucede en los cuentos eso de que las cosas se encogen hasta desaparecer. Para que un cuerpo desaparezca, es preciso que se vaya disgregando, esparciéndose por el espacio la, materia que lo componía; pero eso ya no es encogerse.

¿SI LA TIERRA SE ESTÁ CONTRAYENDO SIN CESAR LLEGARA UN DÍA, EN QUE NOS FALTE LA BASE DE SUSTENTACIÓN?

Cuando un cuerpo cualquiera se contrae, la cantidad de materia que contiene no disminuye, sin que únicamente se pone más compacta. Lo que nos sostiene en la superficie de la Tierra es la gravitación, y ésta depende de la masa o cantidad de materia.

Esta cantidad seguirá siendo la misma por mucho que se encoja la Tierra, y la fuerza de gravedad que actúa en la superficie, es decir, sobre nosotros, será tanto más potente cuanto mayor sea la contracción del globo, puesto que nos iremos acercando al centro de gravitación.

De todos modos, la Tierra, como otro cuerpo cualquiera, no puede contraerse más allá de ciertos límites. Cuanto más se encoge un objeto, mayor es la resistencia que ofrece a su encogimiento la substancia de que está formado.

Nos haremos cargo de ello, si imaginamos que al empezar a encogerse hay espacio abundante entre sus átomos; y que al paso que se contrae, se acercan unos a otros más y más, de modo que no tardará en quedar muy poco sitio entre ellos, y llegará un momento en que la resistencia de dichos átomos, apretados unos contra otros, se opondrá a la fuerza, en virtud de la cual el cuerpo tiende a contraerse.

Cuando las dos fuerzas estén equilibradas, cesará la contracción del cuerpo. Puede observarse algo parecido si nos fijamos en una multitud que se apretuja en un lugar cerrado; se irá apretando hasta que las personas estén codo con codo, y luego no se encogerá más.

¿CÓMO VINIERON A LA TIERRA TODOS LOS METALES?

Si se hubiese hecho esta pregunta hace algunos años, todo el mundo habría contestado que los diversos metales pertenecían a la materia de que se formó la Tierra hace muchos millones de siglos, y que por una razón cualquiera se depositaron en la costra, unos en un lugar y otros en otro.

Pero recientemente hemos tenido que renunciar a semejantes ideas. Empezarnos a comprender que en todas partes se están verificando alteraciones: en los mundos, en las plantas, en los animales, en las naciones y aun en los mismos átomos de los elementos.

Por eso ahora, cuando encontramos oro en cualquier lugar de la corteza terrestre, plata, plomo, o lo que quiera que sea, en vez de decir que estos cuerpos formaron siempre parte de ella, procuramos averiguar su historia, y descubrir lo que fueron en otro tiempo, cual si se tratase de los restos de una planta o animal.

Por ejemplo, no hay duda de que todo el plomo que hoy existe en el mundo es el resultado de una larga serie de transformaciones que empezaron en un elemento llamado uranio, y estos períodos entre el uranio y el plomo están representados por el elemento que llamamos radio y el precioso y bello metal que conocemos con el nombre de plata.

Sabemos que muchos metales y elementos pesados provinieron de meteoros, los cuales están siendo estudiados para poder extraerlos en un futuro no muy lejano. Estos metales son los restos de supernovas, llamadas así a las estrellas supermasivas, que cuando estaban al final de su vida, se contraen bajo un peso inmenso de su propia materia, sintetizando de esa manera esos elementos de gran cantidad de protones y neutrones, y luego los expulsaron al espacio interestelar mediante masivas explosiones.

SI PUDIÉSEMOS CAMINAR INDEFINIDAMENTE HACIA ARRIBA, ¿A DÓNDE LLEGARÍAMOS?

La expresión e hacia arriba o no tiene realmente un significado bien definido. La Tierra es un globo redondo, y por tanto, la expresión hacia arriba sólo quiere decir lejos de este globo, siendo por consiguiente posible emprender un viaje hacia arriba desde cualquier lugar de la Tierra, con muy distinto resultado en cada caso.

El viaje hacia arriba, que emprendiésemos en un punto determinado, tendría una dirección completamente opuesta al que emprendiesen nuestros antípodas, que son los hombres que habitan el lugar de la Tierra diametralmente opuesto al que ocupamos nosotros.

Pero supongamos que concretamos la pregunta refiriéndonos solamente a un lugar determinado de la superficie del globo. Entonces es preciso también contar con el tiempo, pues la línea que nuestra ruta describiese variaría de dirección a cada segundo, a causa de los distintos movimientos de la Tierra.

Y, si suponemos aún que nos encontramos fijos en un punto y en un instante determinado de tiempo, la respuesta sería la misma, cualquiera que fuese el lugar y el momento elegidos, a saber: que semejante viaje no se acabaría nunca, pues no podemos suponer que el espacio tenga límites, por lo menos en cuanto a la escala humana que manejamos.

Hoy sabemos que el espacio es curvo, y si caminásemos por el espacio interestelar en una dirección constante, volveríamos al mismo punto luego de un larguísimo viaje.

¿DAN VUELTAS COMO TROMPOS LAS PERSONAS QUE VIVEN EN LOS POLOS?

Es una interesante pregunta. Si nos fijamos en un trompo o una peonza, veremos que sus distintas partes giran todas a un tiempo, pero con diferentes velocidades, pues los puntos situados en la parte adelantada, o sea cerca del « ecuador », han de recorrer en el mismo tiempo más distancia que los puntos situados junto a los « polos ».

Ahora bien, con respecto a la peonza que llamamos la « Tierra », es forzoso que todos los puntos de su superficie efectúen cada veinticuatro horas una vuelta completa; la regla ha de serle aplicable por igual a un hombre situado en el Polo Norte y a otro situado en el Ecuador, porque la Tierra se mueve en una sola pieza, sin que, como en el Sol o en Júpiter, unas partes se muevan con mayor rapidez que otras.

Una persona situada en el Ecuador es arrastrada a razón de unos mil seiscientos kilómetros por hora; mientras otra que se colocase exactamente en el Polo Norte o en el Sur, o sea, en uno de los

extremos precisos del eje de la Tierra, no haría sino dar una vuelta completa. sobre sí misma cada veinticuatro horas a una velocidad imperceptible, mientras que en el mismo espacio de tiempo, un habitante del ecuador recorre más de 40.000 kilómetros.

De manera que, si bien en los polos una persona giraría como una peonza, no se daría cuenta de ello. debido a la lentitud del movimiento.

¿ES POSIBLE QUE EL MUNDO CONTINÚE EN SU FORMA ACTUAL POR TODA LA ETERNIDAD?

En principio se creía al principio del siglo XX que, a menos que el Sol chocase con alguna otra estrella, produciéndose de ese modo un calor tan intenso que moriríamos abrasados, lo cual es poco probable, la Tierra seguirá existiendo tal como ahora la vemos por larguísimo espacio de tiempo; ocurren, sin embargo, cambios lentos y continuos que tienden todos a un mismo fin, y que habrán de producir algún día resultados importantísimos.

Ya se enfríe la Tierra, o se consuma la actividad del magma en el interior de la Tierra, ha de llegar un día en que esté enteramente fría, y lo propio le ha de ocurrir al Sol. Puede que ese día esté aún remoto, más remoto que aquellos tiempos en que tuvo lugar la formación de la Tierra; pero no hay duda de que llegará.

Luego tenemos pruebas de que el movimiento de la Tierra se va retardando, si bien el cambio, por supuesto, se efectúa muy lentamente, y es probable que la Tierra acabe por ser absorbida por el Sol, con lo cual terminará su historia.

Sin embargo, hoy sabemos con absoluta certeza, que existen varias amenazas latentes para nuestro planeta. La principal de ellas es la propia actividad de la corona solar, ya que se ha ido correlacionando los cambios en su temperatura, con los cambios climáticos en nuestro planeta.

Otra amenaza proviene del viento solar, el cual consiste en una enorme energía electromagnética emanada por el Sol, el cual puede alterar de manera significativa las comunicaciones electrónicas y satelitales, así como la distribución de la energía eléctrica, ya que ésta pasa por transformadores que ven alterado su funcionamiento por los cambios en el magnetismo terrestre.

Otra amenaza significativa es el choque de nuestro planeta con meteoritos o cometas. Sabemos que un gran meteorito impactó hace muchos millones de años en la Tierra, determinando el fin de la era de los dinosaurios, y el comienzo del predominio de los mamíferos.

También sabemos que la amenaza de los supervolcanes es una gran amenaza en los Estados Unidos e Italia.

Por último, y sin pretender agotar la lista de amenazas, se ha investigado una etapa especial en la Tierra, en donde se produjo una inmensa mortandad de la vida, incluso peor a la extinción de los dinosaurios, y que fué muy anterior a ésta. No se pudo encontrar una explicación válida ni en la actividad volcánica, ni la solar, ni en meteoritos o cometas.

Se sospecha que la responsable fué una intensa radiación cósmica, proveniente de una supernova, cuyo flujo energético apuntó hacia nuestro sistema solar, provocando en la Tierra una extendida mortandad, que casi la dejó despoblada de vida.

¿HEMOS DESCUBIERTO YA EL MUNDO ENTERO?

No; las regiones antárticas poseen todavía secretos que ningún hombre ha logrado arrancarles hasta la fecha. Un intrépido jefe de la marina norteamericana, el comandante Roberto E. Peary, llegó al polo Norte en 1909; y el capitán Amundsen, de Noruega, pisó el polo Sur sólo dos años después, en 1911.

Podemos pues afirmar que todos los mares y tierras han sido descubiertos; pero esto no quiere decir que hayan sido todos explorados.

Actualmente la verdadera frontera del conocimiento la tenemos en el fondo submarino. Podemos asegurar que hoy conocemos más del Sol, de la Luna y los planetas y meteoritos que lo que subyace en los fondos oceánicos.

SI TODOS LOS SERES QUE NACEN HUBIESEN DE VIVIR ¿PODRÍA SOSTENERLOS LA TIERRA?

La respuesta es, sin duda, negativa. El número medio de los peces que habitan en el mar es siempre el mismo aproximadamente, a pesar de que la hembra del pez pone un millón de huevos, de los cuales sólo uno o dos vivirán.

Un solo microbio, si hubiese bastante alimento, procrearía millones en unas cuantas horas. Los conejos soltados en un país, como Australia, donde hallaron alimento suficiente y apropiado, se convirtieron en verdadera plaga a la vuelta de algunos años.

Todos los animales y plantas, superiores e inferiores tienden a multiplicarse con demasiada rapidez. Cuando se estudian estos hechos, se descubre que la verdadera razón de que no vivan todos los seres que nacen es sencillamente que la Tierra no puede sostenerlos a todos.

La lucha por la vida que se desarrolla constantemente entre todas las criaturas, es lucha por los alimentos, pues los que produce la Tierra son en muy inferior cantidad a los que para su existencia necesitan los nuevos seres que emprenden cada día tan desesperada contienda.

No acierta uno a explicarse cómo crea la naturaleza tan gran número de bocas, más de las que puede mantener la Tierra. Parece que se va empezando a descubrir la razón de tan terribles hecatombes; pero, sea como fuere, entre los hombres es mucho más importante la proporción de los seres que encuentran alimento y espacio para desenvolverse en la Tierra, que entre todas las demás criaturas vivientes.

LA GRAVEDAD DE LA TIERRA

Aquí abordaremos una detallada discusión acerca de la gravedad. Hemos hecho una introducción en el tomo 5 de esta serie. Ahora profundizaremos algunos conocimientos adicionales

¿QUÉ ES LA GRAVEDAD?

Podríamos decir brevemente que la gravedad es la fuerza o interacción que surge entre dos cuerpos bariónicos – los cuerpos conformados por átomos de la Tabla Periódica -, que son las masas que conocemos normalmente, y que forman a las galaxias, estrellas y sistemas planetarios. Hemos discutido brevemente este punto, referente a las masas bariónicas y masa oscura, en el tomo quinto de esta serie.

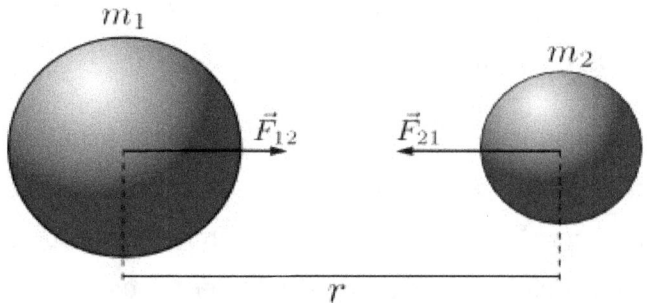

Podemos afirmar lo siguiente, con respecto a la gravedad:

- **No depende del tamaño de las masas**, aunque la interacción gravitatoria se hace más evidente en presencia de cuerpos masivos como las estrellas y planetas, y supermasivos como las supernovas y agujeros negros. En éstos últimos, ni siquiera la luz puede escapar a la atracción gravitatoria que ejercen.

- **Las fuerzas gravitatorias son siempre atractivas**. El hecho de que los planetas describan una órbita cerrada alrededor del Sol indica este hecho.

- **Tienen alcance infinito**. Dos cuerpos, por muy alejados que se encuentren, experimentan esta fuerza.

- **La fuerza asociada con la interacción gravitatoria es central**.

- **A mayor distancia menor fuerza de atracción**, y a menor distancia mayor la fuerza de atracción

En el volumen quinto hemos también desarrollado la discusión de que la gravedad es una deformación del tejido espacio-tiempo, por lo que será provechoso releer esta exposición.

¿QUÉ SUCEDERÍA SI EN UN MOMENTO DADO SE SUPRIMIESE LA GRAVEDAD DE LA TIERRA?

Si se suprimiese la gravedad de la Tierra, se acabaría la vida. Cualquiera cosa que salte o que arrojemos en el aire nos dará una idea de la primera ley de movimiento, según la cual « *todo cuerpo en movimiento seguirá moviéndose eternamente, con una velocidad constante y en la misma dirección, si algo no lo detiene* ». Es el enunciado del primer principio de Newton, la Ley de Inercia.

Cuando se arroja al aire una pelota, parece que no obedece a esta ley, porque al paso que se eleva, la Tierra la va atrayendo, y por muy grande que sea la impulsión que le hayamos comunicado, dicha atracción acabará por detener su movimiento, y hacerla caer nuevamente.

Si cesase la gravitación de la Tierra, la pelota se elevaría hasta perderse de vista; pero, también en este caso, la resistencia del aire acabaría paralizando su movimiento. La pelota se detendría finalmente, mas no volvería a la Tierra, porque no existiría fuerza alguna que la solicitase. Aun en el caso de que la arrojásemos contra el suelo, botaría, y jamás la volveríamos a ver. Ningún globo hace esto, limitándose a utilizar para elevarse ciertas fuerzas que contrarrestan las de la gravedad.

Hasta ahora no comprendemos por completo la naturaleza de la gravedad. Es uno de los grandes secretos de la naturaleza.

Pero día llegará en que podamos desentrañar más sus secretos, relacionarla con las otras tres interacciones fundamentales – electromagnéticas, nuclear fuerte y nuclear débil - , y cuando esto suceda, también se hallará la manera de ponerla a nuestro servicio, y aun de suprimirla a voluntad.

Todas las cosas, entonces, irán de muy distinta manera, ya que podremos realizar viajes interestelares mediante los llamados agujeros de gusano.

¿AFECTA EL MOVIMIENTO DE LA TIERRA A LOS OBJETOS QUE SE ENCUENTRAN EN MEDIO DEL AIRE?

Sin duda alguna que sí; el aire gira con la Tierra, de igual modo que los mares; y todo lo que navega por él, como pájaros, globos, o cualquier otro objeto, son arrastrados por él, así como los peces por el agua.

Si no fuese así, cuando nos elevásemos en un globo, el aire pasaría por nuestro lado, siguiendo en su movimiento giratorio a la Tierra, con una velocidad de centenares de kilómetros por hora, cual desenfrenado huracán; y cuando mirásemos hacia abajo, veríamos rodar la Tierra a nuestros pies con una velocidad vertiginosa.

Pero todos sabemos que no ocurre nada de esto. Todas las cosas que flotan en el aire, participan de su movimiento y le acompañan en su carrera, a no ser que posean la facultad de moverse a sí mismas, como una aeronave, o un pájaro, que es la mejor aeronave conocida.

EL HECHO DE QUE PODAMOS LEVANTAR UN PESO ¿SIGNIFICA QUE TENGAMOS MAS FUERZA QUE LA ATRACCIÓN DE LA TIERRA?

El hecho de que podamos levantar un objeto significa, indudablemente, que somos más fuertes que la atracción de la Tierra en cuanto se refiere a aquel objeto determinado; y si nos es imposible levantar otro objeto, es que nuestra fuerza será inferior a la de gravedad, en lo tocante a aquel otro objeto.

El valor de la gravedad depende enteramente de la cantidad de materia que interviene en cada caso. Una piedra pequeña es atraída por el globo terrestre con una fuerza que no es muy grande, a pesar de serlo la Tierra.

Porque, en efecto, si bien es considerable el tamaño de esta última, el de la piedra es muy reducido, y la fuerza de gravedad depende de las dimensiones de los cuerpos de que se trata. Pero si en vez de ser un guijarro, es un gran peñasco, la fuerza de gravedad aumentará proporcionalmente, y entonces nos es imposible moverla.

¿PESARÍAN LOS OBJETOS SI NO FUESEN ATRAÍDOS POR LA TIERRA?

Prácticamente, podemos contestar desde luego en forma negativa. **El peso de un objeto es la medida de la fuerza con que la Tierra lo atrae**; y si fuese posible que ésta perdiese su poder de gravitación, sería tan fácil levantar una casa como una pelota. **Los objetos seguirían conteniendo la misma cantidad de materia que antes, pero habrían perdido su peso o gravedad.**

Por eso, cuando queremos referirnos a la cantidad de materia que contiene un cuerpo es preferible hacer uso de la palabra « masa », antes que de la voz peso. La masa de un cuerpo es perfectamente independiente de la gravitación, en tanto que su peso depende por entero de ésta, y no puede existir sin ella. La masa de un cuerpo es la misma, ya se encuentre en la Tierra, en la Luna o en el Sol, al paso que su peso sería muy distinto en estos tres casos.

Dijimos al principio que la contestación a esta pregunta debía ser prácticamente negativa; mas no lo es enteramente, porque existe otra causa de peso, **además de la atracción de la Tierra, que es la del Sol, y también la de la luna y, en general, la de toda la materia que llena el universo.**

Estos otros cuerpos se hallan, sin embargo, tan distantes relativamente, que, si bien los objetos tendrían en realidad algún peso, debido a la atracción de aquéllos, aunque la de la Tierra dejase de existir, nos sería muy difícil medirlo, y con toda seguridad no podríamos comprobarlo con nuestras propias manos. Si desapareciese todo vestigio de gravitación, los cuerpos dejarían de ser pesados.

¿CONSERVA SIEMPRE LA TIERRA EL MISMO PESO?

Podríamos decir que sí, pero no sería verdad de una manera absoluta. Año tras año, la Tierra va aumentando de peso, porque recoge algunos cuerpos pequeños que discurren por el cielo, al paso que, si algo pierde, debe ser muy poco o nada.

Esos cuerpos son conocidos vulgarmente con el nombre de estrellas errantes o meteoritos, y anteriormente nunca formaron parte de la Tierra; pero ésta, en su carrera a través de los espacios, se cruza frecuentemente con ellos, y los atrae hacia sí, incorporándolos a su masa, con lo que acrecienta su peso.

En los museos podemos contemplar los restos de algunas de estos meteroritos, aunque un buen número de ellas se queman, en virtud del calor que desarrolla su rozamiento con el aire, cuando penetran en la atmósfera. Esto aparte, la Tierra conserva siempre el mismo peso, pues la atracción evita que nada se aleje de ella.

Es posible que, en su movimiento de rotación, despida ciertas porciones de esos gases en extremo enrarecidos, que constituyen las capas más elevadas de la atmósfera; de la misma manera que, si hacemos girar con rapidez el paraguas con que nos resguardamos de la lluvia, veremos salir despedidas de los extremos de sus varillas algunas gotas de agua.

¿CÓMO ES QUE ESTANDO UNA PARTE DE LA TIERRA BOCA ABAJO NO SE VIERTE EN EL ESPACIO EL AGUA DE LOS MARES?

Nos parece muy natural la pregunta, si no se tiene en cuenta la configuración de la Tierra. Es ésta un globo aislado en el espacio, rodeado por todas partes de distancias infinitas. En estas distancias existen en realidad direcciones definidas, que son : el Norte, hacia el cual mira el Polo Norte de la Tierra, el Sur, el Este y el Oeste. Estas palabras tienen tina significación verdadera, pero, por lo que al universo concierne, los adverbios arriba y abajo carecen en absoluto de sentido.

Desde nuestro punto de vista, nuestros antípodas se encuentran cabeza abajo invariablemente, a pesar de que cambian de lugar con nosotros cada doce horas; y desde el punto de vista de ellos, nosotros estamos siempre cabeza abajo. Unos y otros tomamos al pensar esto como punto de referencia la Tierra, y sólo con respecto a su centro tienen nuestras palabras sentido.

Ahora bien, el centro de la Tierra lo tenemos constantemente debajo en cualquier lugar de su superficie en donde nos encontremos, y a cualquiera hora del día o de la noche, y todas las partes del planeta miran hacia arriba, porque dan la espalda a su centro.

La gravedad actúa en la dirección del centro de la Tierra, atrayendo hacia él todos los cuerpos. Es por lo tanto una fuerza central.

Si saltarnos, la Tierra nos atrae hacia sí ; si salta un antípoda nuestro al mismo tiempo, en dirección contraria, también lo atrae la Tierra.

Reflexionando acerca de todo lo dicho, fácil nos será comprender por qué no se vierten en el espacio las agitas de los mares en ninguna parte del globo, y por qué no existe más razón en un punto que en otro para que tal cosa suceda.

¿PUEDE TRASPASAR UN GLOBO EL LÍMITE DE LA ESFERA DE ATRACCIÓN DE LA TIERRA?

Ciertamente que no, pues el globo flota en el aire, y éste se va enrareciendo más y más al paso que sube el aerostato, hasta hacerse demasiado tenue para soportarlo y no poder aquél continuar su ascensión.

Para que un objeto cualquiera pudiera traspasar el límite de la esfera de atracción de la Tierra y escaparse de ella, sería preciso que tuviese medios propios de locomoción que le permitiesen alejarse tanto de la Tierra, que ésta no tuviera energía suficiente para atraerle de nuevo. Esto debió sucederle a la materia que constituye la Luna, cuando fué despedida de la Tierra.

Se creyó en un tiempo que algunos o todos los meteoritos que caen en la Tierra, llamados meteoritos o estrellas errantes, se habían formado en ella. La causa de tal creencia era el hallarse estos cuerpos formados de las mismas substancias que la Tierra, en una época en que aun no se había descubierto que todo el universo está formado de las mismas materias.

Se suponía que los volcanes habrían arrojado piedras con tan extremada violencia que, atravesando la atmósfera, habrían abandonado a la Tierra definitivamente, encontrándolos después nuestro planeta de una manera casual.

Ahora ya nadie piensa de ese modo. Es muy probable, sin embargo, que ciertos gases muy enrarecidos, que, por su extremada sutileza, parecen existir tan sólo en las altas regiones de la atmósfera, puedan escapar definitivamente de la Tierra, saliendo arrojados de ella, como las gotas de agua se escapan del paraguas cuando lo hacemos girar.

Tal debe de ser la razón por la cual no hay aire en la luna; porque es demasiado pequeña, y no posee la fuerza de atracción suficiente para retener una envoltura gaseosa semejante a nuestra atmósfera.

¿PODEMOS SER DESPEDIDOS DE LA TIERRA?

No podemos ser despedidos de la Tierra porque ésta nos sostiene por medio de su atracción gravitacional. Gracias a la ingente masa que tiene la Tierra, ésta posee un poder de atracción tal, que si deseáramos huir de ella, habríamos de tener que contar con otra fuerza suficientemente potente para poder contrarrestar la que nos empuja hacia la Tierra.

Por esto, aunque no podemos caer de la Tierra, podemos fantásticamente imaginar un cañón suficientemente poderoso que nos lanzase fuera de ella.

Por otra parte, si la Tierra no estuviera rodeada de aire, sería más fácil arrojar al espacio algo, con tanta fuerza que aquélla no pudiese atraerlo, pero no siendo así, el aire hace retroceder todo cuanto a él se lanza.

Tampoco se puede tirar una pelota a gran profundidad en el agua; y eso puede darnos idea de la manera cómo el aire daría un impulso de retroceso a la bala de cañón, que hubiéramos intentado disparar desde la Tierra.

Conocida es la famosa novela de Julio Verne, en que el novelista presenta a varios individuos que se propusieron viajar de la Tierra a la luna, metidos en una gran bala de cañón.

La única posibilidad de poder abandonar la Tierra es estar dentro de un vehículo que adquiera al inicio de su despegue la llamada velocidad de escape.

La velocidad de escape desde la superficie de la Tierra es 11,2 km/s, lo que equivale a 40.320 km/h. La velocidad de escape de la Luna es de 2,38 km/s, la de Marte 5,027 km/s y la del Sol 617,7 km/s.

Divulgación Científica

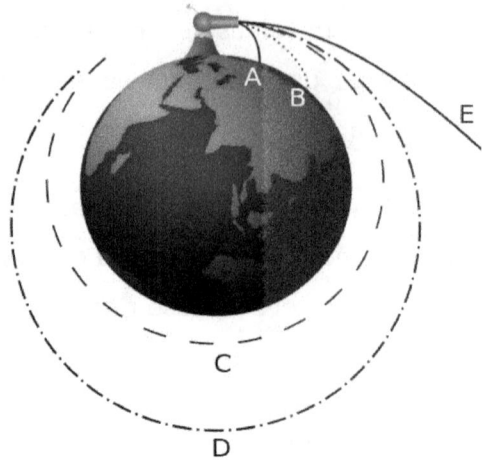

Solo la trayectoria E podrá abandonar la Tierra, ya que tiene la velocidad de escape suficiente.

¿A DÓNDE IRIAMOS SI FUÉSEMOS DESPEDIDOS DE LA TIERRA?

La mejor manera de imaginar cómo podríamos ser despedidos de la Tierra, sería suponer que alguna otra fuerza se opusiese a la de atracción, destruyéndose ambas.

Si esto pudiera darse y saltásemos dentro de casa, tocaríamos con la cabeza en el techo; saltando fuera de ella, nos lanzaríamos directos hacia el espacio, recorriendo un largo camino en que la resistencia del aire, nos obligaría a movernos cada vez más despacio, hasta que al fin, nos detendríamos en una región completamente fría.

Pero supongamos que no sólo cesa la Tierra en su atracción, sino también el aire en su acción de resistencia, entonces al menor salto que diéramos nos remontaríamos indefinidamente por el espacio.

Esta es la única manera como podríamos abandonar la Tierra. Si saltásemos con la misma oportunidad con que fué disparado el cañón de Julio Verne, podríamos viajar hacia la Luna, hasta llegar a una distancia suficiente para ser atraídos por ella, en la cual caeríamos por necesidad, con tal ímpetu, que moriríamos estrellados, máxime no teniendo la luna aire que suavizase la caída.

De no suceder esto, iríamos a parar al Sol; así como si la Tierra cesase de moverse alrededor de ese astro, en el mismo momento caeríamos en él.

Otras muchas cosas nos sucederían si, por ejemplo, cesase la atracción de la Tierra, podríamos dar vueltas y más vueltas alrededor de ella, como si fuésemos una segunda luna, pues ya sabemos que en realidad la Luna se desprendió de la Tierra en sus orígenes, empezando entonces su movimiento alrededor de ella.

¿POR QUÉ NO ARRASTRA LA GRAVEDAD TODAS LAS ESTRELLAS HACIA LA TIERRA?

Siempre y dondequiera que sea, la fuerza de gravitación atrae unos átomos hacia otros, y todos hacia todos, incluyendo a la materia contenida en el universo.

Por tanto, si no existiera otra fuerza, no hay duda de que toda la materia—las estrellas, el Sol, la Luna y los planetas, así como todos los demás cuerpos—se aglomerarían rápidamente para formar una inmensa bola o masa redonda.

Pero conviene tener presente que si bien, la fuerza de gravitación está actuando constantemente, hay otras fuerzas que también obran, y lo que ocurre en este caso, como en otros también, y es el resultado del equilibrio o reacción entre esas varias fuerzas.

Una de las fuerzas que obran en el universo es el movimiento de los diversos cuerpos; y esta fuerza, claro está, se opone a la gravitación en todas las direcciones, salvo en el caso de que el campo de fuerzas gravitacional coincida en dirección y sentido con el camino seguido por el cuerpo en su desplazamiento.

El movimiento de la Tierra, por ejemplo, es lo que le impide caer sobre el sol; y la órbita terrestre viene a ser la resultante de ese movimiento y de la atracción del sol.

Algunos pensadores suponen que la mayor parte de los movimientos que se producen en el Universo, acabarán por cesar, pues si bien no pueden ser destruidos, es posible que se transformen en calor.

Si esto llegase a suceder, es evidente que la gravedad, no encontrándose ya con ninguna fuerza capaz de contrarrestarla, reuniría todas las partículas materiales del universo, formando con ellas la inmensa bola que antes hemos mencionado.

Pero hay tantas otras fuerzas, además de las que ya hemos estudiado, cuya acción se ejerce en el Universo, que no es posible hacer pronóstico alguno en forma prematura.

En el quinto libro de esta serie hemos hablado de la materia oscura y la energía oscura. Ambas tienen efectos contrapuestos en torno a la atracción de los cuerpos, y por eso no podemos afirmar todavía si vivimos en un Universo que dejará de expandirse para luego iniciar un proceso de contracción, o si se expandirá indefinidamente.

¿ES LA ATRACCIÓN DE LA TIERRA MAYOR QUE NINGUNA OTRA

FUERZA?

Casi todo el mundo cree que la gravitación es una de las mayores fuerzas del mundo. Esto, sin embargo, no es cierto, y si así nos lo imaginamos es porque siempre la consideramos proporcional al volumen de la Tierra, que es tan enorme; pero nos olvidamos de que, al tomar una varilla por uno de sus extremos, el otro se viene detrás, a pesar de ser atraída por toda la masa de la Tierra; y la razón de este fenómeno es que la cohesión de sus moléculas es mayor que la gravitación de la Tierra.

Sabemos que las fuerzas electromagnéticas y nucleares son en comparación con la gravitatoria, de un orden muy superior en cuanto a la fuerza de interacción que llevan asociadas.

¿POR QUÉ HAY EN UN DÍA DOS MAREAS?

Hemos tratado con cierto detalle lo concerniente a las mareas en el anterior tomo sexto, cuando discutimos lo relacionado con la Luna. Sin embargo esta pregunta es en extremo interesante.

La Tierra da una sola vuelta al día, y la Luna atrae el agua hacia si misma en el lado de la Tierra contiguo a ella y produce lo que llamamos marea alta. Cualquiera creería entonces, que no puede haber más que una marea alta cada día.

Pero la Luna no solamente atrae hacia arriba y acumula hacia su propia dirección el agua del lado de la Tierra que está próximo a ella en cualquier momento dado; también atrae a la Tierra hacia sí misma fuera del agua en el otro lado de la Tierra más distante de la luna.

EL SOL, LA LUNA Y LAS MAREAS

Divulgación Científica

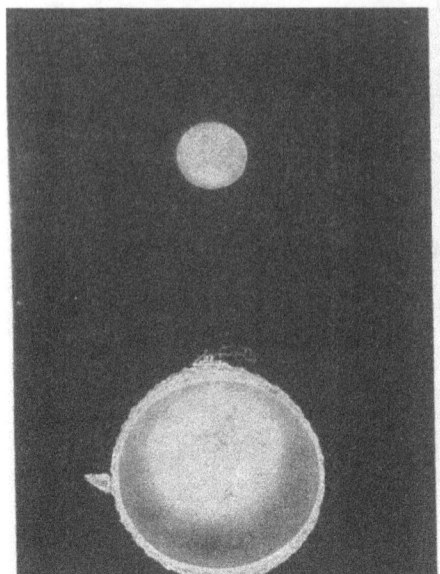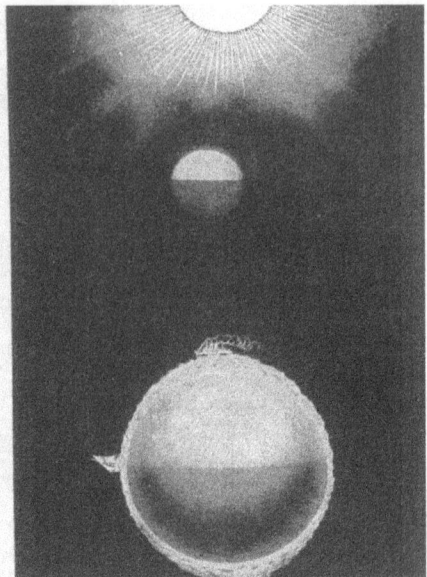

El primero de estos grabados nos da idea de cómo atrae la Luna las aguas de la Tierra, originando una pleamar en el casquete que mira hacia ella, y otra en el directamente opuesto. El segundo grabado nos enseña que no es sólo la Luna la que produce las mareas: el sol también influye en ellas, aunque con bastante menos fuerza, por hallarse mucho más distante.

La Luna atrae a la Tierra con más fuerza que al agua del lado más distante de la Tierra, ya que el agua dista más de la Luna. **Así pues, cuando en cualquier sitio hay marea alta, también hay marea alta en el otro lado de la Tierra, en las llamadas antípodas. Esto quiere decir que tenemos dos mareas altas en veinticuatro horas.**

¿PUEDE EL GAS DE HULLA SUSTRAERSE A LA ACCIÓN DE LA GRAVEDAD?

La ley de la gravedad está obrando constantemente. Jamás es desobedecida, suspendida, ni aniquilada, porque aunque esto acontezca con las leyes que dictan los hombres, no ocurre nunca con las que la naturaleza establece.

Por consiguiente, si en alguna ocasión encontramos una cosa que parece desafiar la ley de la gravedad, debemos tener la seguridad absoluta de que se halla sometida a la influencia de alguna otra fuerza o fuerzas, y que lo que ocurre es el resultado de estas fuerzas y de la gravedad.

Esto es lo que acontece con los globos que flotan en el aire, y los corchos que se mantienen en la superficie del agua; con las naves que cruzan la atmósfera y los mares; con las nubes que rodean las cimas de las montañas.

También es aplicable al gas de hulla, y si éste, o cualquier otro gas se elevan, debemos entender que la gravedad está obrando sobre él constantemente, y que de no existir aquélla, las cosas ocurrirían de un modo muy distinto.

Recientemente se ha descubierto que los átomos de los gases pueden empujarse los unos a los otros, de lo que resulta que cierto número de ellos pueden moverse hacia arriba con tanta rapidez que la gravedad de la Tierra no sea suficiente para contenerlos.

Cuando así ocurre, estos átomos se elevan en el espacio, aunque no por ello se sustraen a la acción de la gravedad, la cual sigue actuando sobre ellos con la misma fuerza que si descendiese hacia la Tierra.

EL INTERIOR DE LA TIERRA

Aquí vamos a discutir un aspecto crucial en la actividad de la Tierra como lo es su interior, profundamente vinculado con los terremotos y maremotos. Ampliaremos luego algunos aspectos en un tomo posterior.

¿QUÉ SABEMOS DEL INTERIOR DE LA TIERRA?

Podemos inferir qué hay en el interior de la Tierra por medio de evidencias directas como los volcanes y su actividad; e indirectas como la temperatura ascendente a medida que descendemos hacia su interior, como cuando lo hacemos en las minas, y a la existencia del **campo magnético terrestre**..

Vayamos desenvolviendo paulatinamente todos estos temas.

Un **volcán**, que toma su nombre del dios mitológico romano Vulcano, es una montaña, en cuya cumbre se se encuentra su cráter, por la que emerge **magma** en forma de lava, ceniza volcánica y gases provenientes del interior de la Tierra.

El ascenso de magma ocurre en episodios de actividad violenta denominados erupciones, que pueden variar en intensidad, duración y frecuencia, desde suaves corrientes de lava hasta explosiones extremadamente destructivas.

Los volcanes no sólo existen en la Tierra, sino también en otros planetas y satélites, incluso algunos están formados por materiales considerados fríos y se denominan criovolcanes. En ellos, el hielo actúa como roca, mientras que el agua fría líquida interna actúa como magma; esto ocurre en la luna de Júpiter llamada Europa.

Por lo general, los volcanes se forman en los límites de las **placas tectónicas**, aunque existen los llamados puntos calientes, donde no hay contacto entre placas. Un ejemplo clásico son las islas Hawai.

A las placas tectónicas las podemos entender si las pensamos como las costuras de una pelota, en donde la pelota es la Tierra misma.

La teoría de las placas tectónicas es una teoría geológica que explica la forma en que está estructurada la Tierra, en donde se describe que la misma no es una masa homogénea, sino que se halla conformada de inmensos bloques llamadas placas tectónicas, que conforman la superficie de la Tierra, y condicionan los desplazamientos que se observan entre ellas en su movimiento sobre el manto terrestre fluido, sus direcciones e interacciones.

También explica la formación de las **cadenas montañosas**. Así mismo, da una explicación satisfactoria de por qué los terremotos y los volcanes se concentran en regiones concretas del planeta, como el Cinturón de Fuego del Pacífico, o de por qué las grandes fosas submarinas están junto a islas y continentes y no en el centro del océano.

Las placas tectónicas se desplazan unas respecto a otras con velocidades de 2,5 cm/año, lo que es, aproximadamente, la velocidad con que crecen las uñas de las manos.

¿QUÉ CONSECUENCIAS TIENE LA EXISTENCIA DE LAS PLACAS TECTÓNICAS?.

Hasta mediados del siglo XX, esta teoría era por completo desconocida, y los científicos no estaban seguros del porqué de la existencia del vulcanismo en determinadas regiones del planeta y en otros no. Mucho menos se entendía la existencia del anillo de fuego del Pacífico o del por qué de la existencia de **tsunamis** o también llamados **maremotos tectónicos**,, los cuales son olas gigantescas de hasta 40 metros de altura, como el sucedido durante el terremoto de Krakatoa. Se midió que este enjambre de olas dió la vuelta al mundo.

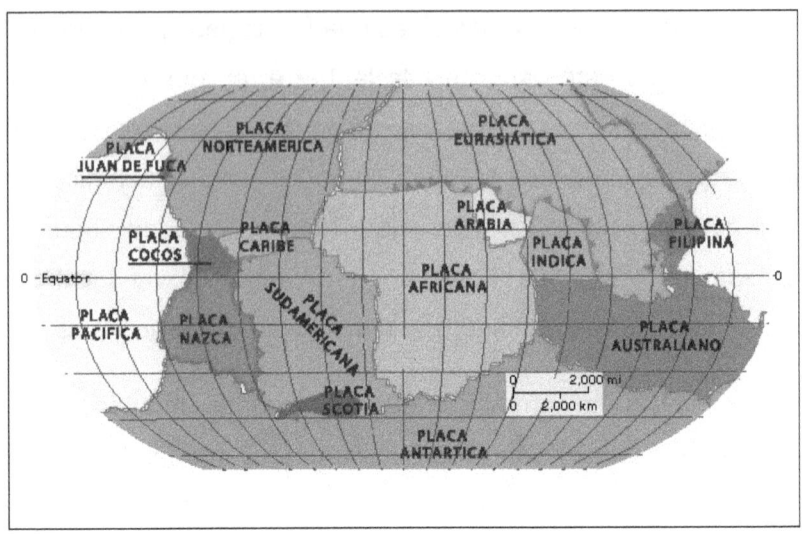

Una de las principales consecuencias que tiene la teoría de las placas tectónicas es que nos da una idea muy aproximada de cómo era la Tierra hace muchos millones de años, y así entender el presente y su evolución futura.

Se llegó a la conclusión, haciendo regresiones del movimiento actual de las placas tectónicas por computadora, a que la Tierra era un solo bloque de tierra, al que se dió el nombre de **Pangea.**

Pangea fue el supercontinente que existió al final de la era Paleozoica y comienzos de la Mesozoica, que agrupaba la mayor parte de las tierras emergidas del planeta.

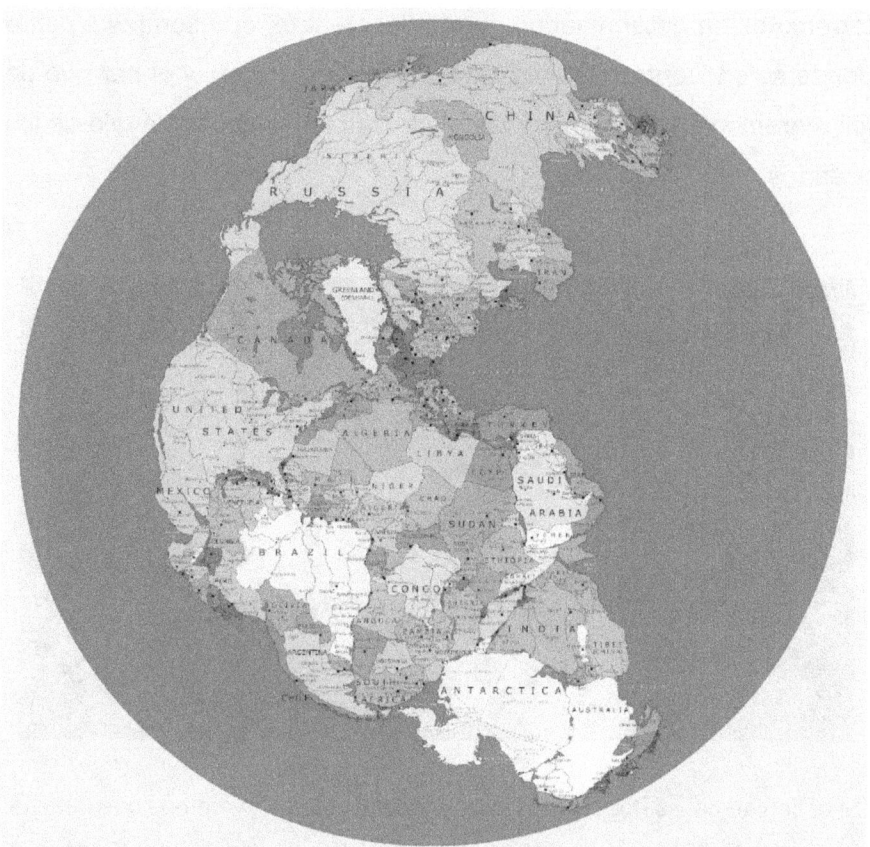

Pangea -Cómo se veía el mundo hace varios centenares de millones de años

Se formó por el movimiento de las placas tectónicas, que hace unos 300 millones de años unió todos los continentes anteriores en uno solo; posteriormente, hace unos 200 millones de años, comenzó a fracturarse y disgregarse, hasta alcanzar la situación actual de los continentes, en un proceso que aún continúa.

Este descubrimiento científico es de la mayor importancia, ya que podemos entender ahora cómo se conformaron los actuales continentes, subcontinentes y hasta la misma Antártida.

También podemos entender el por qué hay vulcanismo y frecuentes

terremotos en determinadas partes del planeta, que son justamente donde se encuentran las distintas placas tectónicas, y el por qué de los maremotos y tsunamis – las distintas placas chocan abajo de los océanos.

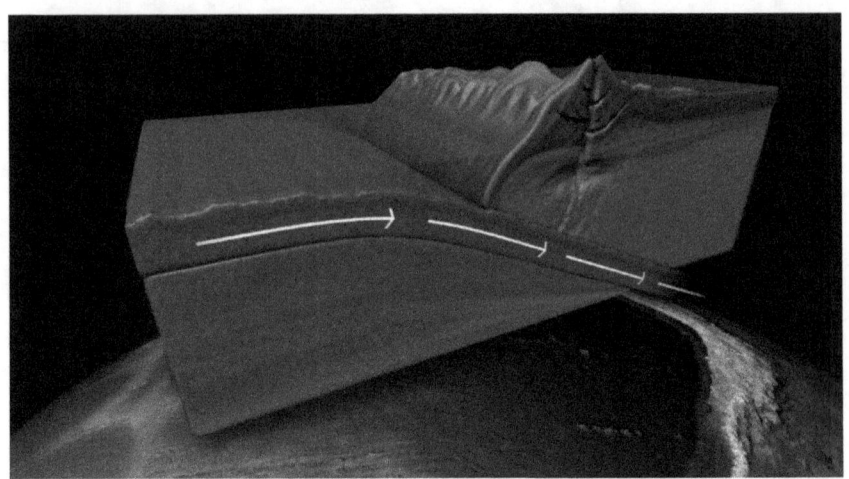

Si observamos las dos placas tectónicas enfrentadas, veremos que la de la izquierda tiende colocarse por debajo de la de la derecha, levantándola, y así se originan las montañas y volcanes

Este proceso de solapamiento se denomina de **subducción**.. Cuando una capa tiende a hundirse de manera violenta y rápida abajo de la otra, y ambas se encuentran en el piso océanico, la placa elevada violentamente hace que el propio océano arriba de ella se eleve también y así es como se originan los **tsunamis**.

¿CÓMO PODEMOS INFERIR QUE EXISTE UNA DERIVA DE LOS CONTINENTES?.

Ésta fué una dificultad para poder validar adecuadamente la teoría de las placas tectónicas, o más bien para inferir un corolario, es decir terminar de validarla, ya que otras evidencias la habían atestiguado, según lo discutimos más arriba.

Ahora, respecto al movimiento de estas placas tectónicas, se hizo necesario esperar unos años más para corroborarla.

Para ello vamos a hablar brevemente del **campo magnético de la Tierra**.

El campo magnético terrestre, también llamado campo geomagnético, es el campo magnético que se extiende desde el núcleo interno de la Tierra hasta el límite en el que se encuentra con el viento solar; una corriente de partículas energéticas que emana del Sol.

Su existencia se debe al movimiento del magma ionizado en el interior de la Tierra, y sus líneas de fuerzas se encuentran inclinadas con un ángulo de 11,5 grados con respecto al eje de rotación.

Su magnitud en la superficie de la Tierra varía de 25 a 65 µT (microteslas).

Sabemos que el campo de la Tierra cambia con el tiempo en intensidad, pero de una manera suficientemente lenta como para que las brújulas sigan siendo útiles en la navegación.

Al cabo de ciertos periodos de duración aleatoria, con un promedio de duración de varios cientos de miles de años, **el campo magnético de la Tierra se invierte**, es decir que el polo norte y sur geomagnético permutan su posición.

Estas inversiones dejan un registro en las rocas que permiten calcular la deriva de continentes en el pasado, y en los fondos oceánicos resultado de la tectónica de placas.

Es decir, que midiendo la orientación en directa y reversa de las líneas de fuerza del campo magnético en estos sedimentos, podemos inferir donde se encontraba ese lugar, teniendo un mapa de las líneas de fuerza magnéticas a lo largo de todo nuestro globo terráqueo.

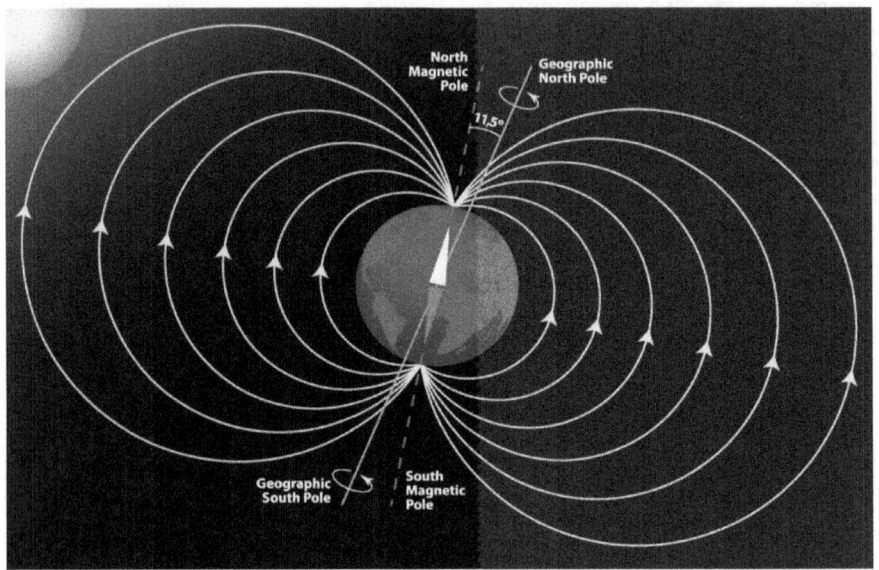

El campo magnético de la Tierra es crucial para mantener a nuestro planeta protegido de las radiaciones electromagnéticas de muy alta frecuencia que provienen del Sol y del espacio galáctico.

En esta figura podemos imaginarnos a la pequeña Tierra (derecha) al lado de un gigante como el Sol (izquierda) en donde el campo magnético de la Tierra desvía el viento solar electromagnético proveniente del Sol.

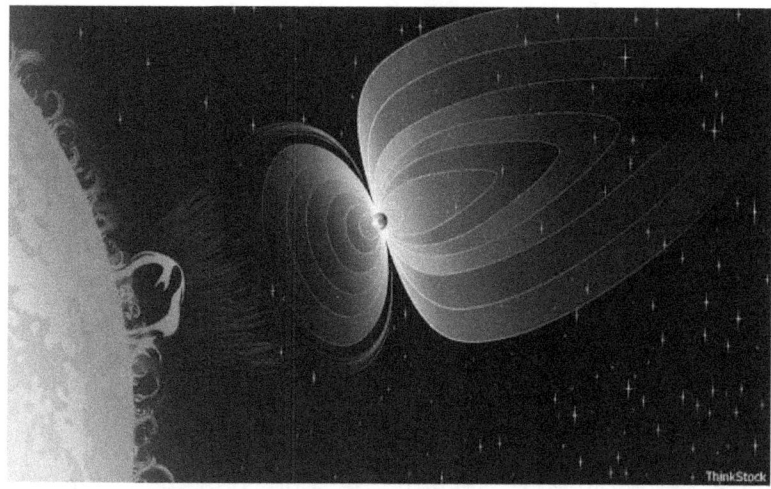

SI EL CENTRO DE LA TIERRA ES UN GLOBO DE FUEGO ¿POR QUÉ NO LO QUEMA TODO?

Cuando decimos quemar o consumir, queremos significar que los cuerpos se combinan con el oxígeno. Así, si en un lugar no hay oxígeno, la combustión no es posible. Los objetos podrán ponerse al rojo, adquirir una temperatura intensísima, pero nunca arderán. Esto ya es una contestación para la presente pregunta, pero aun podemos dar otra.

Casi toda la corteza sólida de nuestro planeta está ya completamente quemada, así como las aguas de los distintos océanos, y, por tanto, por mucho que elevemos su temperatura, y por mucho oxígeno que haya, jamás lograremos quemar el agua, ni la arena, ni el pedernal, ni a arcilla, ni los cantos, por la sencilla razón de que ya están quemados.

Después que sus elementos constitutivos se han unido a todo el oxígeno con que pueden combinarse, su combustión ha sido perfecta, y no es posible hacerlos arder de nuevo. Así pues, todo el exterior de nuestro globo, con muy escasas y aisladas excepciones, ha sido quemado ya; y lo que llamamos Tierra y mares son precisamente el resultado de esta combustión. Esta corteza quemada envuelve ahora el fuego que existe en el centro de la Tierra, y mantiene en el aire el oxígeno que ha sobrado, por decirlo así, del que sirvió para quemar la corteza de la Tierra.

¿ESTÁ HUECO EL INTERIOR DE LA TIERRA?

Aunque nadie ha visto jamás, ni verá nunca el interior de la Tierra, estamos perfectamente seguros de que debemos dar a esta pregunta una contestación negativa.

Sabemos que la Tierra posee una corteza sólida muy delgada, que con suma facilidad se resquebraja y arruga, produciendo cadenas de montañas, y podemos probar que esta corteza debe ser completamente distinta de lo que bajo de ella existe.

Ahora bien, una, de las maneras como podemos estudiar el centro de nuestro globo es pesando éste, y comparando su volumen con su peso. Esto nos da a conocer la densidad de la materia de que está formada la Tierra; y el resultado constituye una respuesta terminante negativa a la pregunta.

Si poseyésemos una pelota pequeña, pero terriblemente pesada, más pesada, en proporción de su tamaño, que ninguna de las que hubiésemos manejado jamás, no se nos ocurriría sospechar que estuviese hueca, sino que por el contrario, nos llamaría la atención el que **la materia contenida en su interior estuviese tan excesivamente comprimida.**

Esto es precisamente lo que ocurre con esta gran pelota; que designamos con el nombre de Tierra. Su densidad es muy grande, y la materia que la forma en su interior, es mucho más abundante, y se halla mucho más comprimida de lo que podemos imaginar.

Los hombres hemos meramente arañado la superficie de la Tierra, y ya, al bajar a profundidades tan relativamente pequeñas, hallamos que la densidad aumenta de un modo extraordinario, como es natural que suceda, teniendo en cuenta el peso que gravita sobre nosotros en el fondo de una mina. Así pues, podemos afirmar con certeza, que la Tierra, no sólo no está hueca, sino todo lo contrario.

¿CÓMO PUEDE ARDER SIN AIRE EL FUEGO DEL CENTRO DE LA TIERRA?

Casi parecen un enigma las dos maneras diferentes con que un objeto material puede despedir calor y luz; sucede esto cuando está caliente, y puede hallarse en este estado porque arde o por alguna otra causa.

La lumbre del hogar emite calor porque arde, y por eso mismo irradia también luz; el hilo de una lámpara eléctrica despide calor y luz, porque está caliente, pero lo está, no porque arde, sino porque la corriente eléctrica lo ha calentado al pasar por él; el Sol despide calor y luz porque se halla en estado de incandescencia, pero el Sol no arde.

El Sol posee, en realidad, una temperatura tan elevada, que el oxígeno no puede combinarse con los demás elementos de este astro; su calor se debe enteramente a una proceso denominado **fusión nuclear.**

Ésta consiste en que dos átomos de Hidrógeno se unen o fusionan para dar origen a un átomo de Helio. La suma de las masas de los dos átomos de Hidrógeno es mayor que la del átomo de Helio. La diferencia se convirtió en energía en forma de luz y calor por un lado, y por otra parte en otras manifestaciones de energía electromagnética como energía de rayos Gamma.

La masa interior de la Tierra está compuesta de magma, muy caliente, que proviene de la estela gaseosa que formó al sistema planetario y al propio Sol, aunque constituído de elementos más pesados como el magma.

El magma, que significa pasta en griego, es el nombre que reciben las masas de rocas fundidas del interior de la Tierra u otros planetas. Suelen estar compuestos por una mezcla de líquidos, volátiles y sólidos.

¿PODRÍAMOS LEER A LA LUZ DEL FUEGO QUE HAY EN EL INTERIOR DE LA TIERRA?

He aquí una pregunta rara; y ciertamente, quien la medite con algún detenimiento, se convencerá de que no es cosa fácil dar aquí una respuesta precisa. Creemos, sin embargo, aceptable la respuesta siguiente: Si pudiéramos separar la corteza terrestre, de la misma manera que mondamos una naranja, de tal modo que quedara expuesto el centro incandescente de la Tierra, seguramente daría bastante claridad, algo así como un pequeño sol; y entonces es indudable que podríamos leer a su luz, pero sin poder afirmar lo que sería de nosotros en este caso.

No obstante, es útil y conveniente tengamos en cuenta que, si bien vivimos sobre la corteza terrestre enteramente fría, con todo, debajo de ella, hay un núcleo de fuego que, si pudiera ser visto, despediría una luz tan brillante, que nos atrevemos a afirmar que con ella podrían leer los habitantes de la luna, si ésta estuviese habitada.

¿SE EXTINGUIRÁ EL CALOR EN NUESTRO PLANETA, COMO HA SUCEDIDO EN LA LUNA?

Indudablemente sí, aunque nadie puede asegurar cuánto tiempo ha de transcurrir antes de que esto suceda. La Tierra correrá la mismas suerte que la Luna. Habrá ciertas diferencias, puesto que nuestro planeta es mucho mayor que la Luna. Ésta ha sido demasiado pequeña para poder retener los gases que la rodeaban. No existe en ella atmósfera.

La Tierra puede retener su atmósfera, porque es de mayor tamaño, y su poder de atracción es por tanto más grande. Estas y otras razones harán que exista siempre una diferencia notable entre la Tierra y la luna.

Otra diferencia es que, a consecuencia del rápido enfriamiento de la Luna, los cambios sufridos por su superficie han sido más violentos que los de la Tierra. **El mayor volcán de la Tierra no es nada comparado con los de la Luna.**

De la misma manera, cuando nos vamos a bañar en los calurosos días del estío, encontramos el agua de las charcas poco profundas mucho más caliente que el agua libre. El calor penetra y sale de los objetos con tanta mayor facilidad cuanto más extendidos se hallan. Pero si tomamos una botella caliente, y la envolvemos en una espesa capa de mantas, conservará su calor por espacio de muchas horas.

Ahora bien, no hay mantas mejores que las que envuelven el fuego que arde en el interior de la Tierra. **El aire es una manta de muchos kilómetros de espesor. La corteza terrestre es otra manta.** Ambas envolturas son, además, calentadas por el Sol, y esto, unido a que el radio produce constantemente calor nuevo, induce a pensar que han de transcurrir muchas y muy largas edades antes de que la Tierra se enfríe por completo.

Aunque está destinada la Tierra a enfriarse enteramente, ha de transcurrir mucho tiempo antes de que tal suceda.

¿QUÉ SON LOS SUPERVOLCANES?

Los supervolcanes son un tipo de volcán que posee una **cámara magmática mil veces más grande que la de un volcán convencional**, y por ende posee las mayores y más voluminosas erupciones de la Tierra.

La explosividad real de estas erupciones pueden alterar el clima global durante años, con un efecto cataclísmico para la vida, llamado invierno volcánico, similar al que pudiera haber en un invierno nuclear.

Comparativamente, un supervolcán puede ser considerado como tal cuando en una sola erupción expulsa más de 50 veces la cantidad de material que expulsó el Krakatoa.

Los súpervolcanes se originan por puntos calientes enormes bajo los continentes y en las zonas de **subducción**, es decir donde se encuentran las placas tectónicas; por ejemplo en Yellowstone, Estados Unidos de Norteamérica.

La mayor parte de los supervolcanes de la Tierra están en el Cinturón de Fuego del Pacifico.

Pero un supervolcan no se trata de un volcán grande; **la principal diferencia entre éstos es que el supervolcan no se ve**, ya que se trata de una acumulación subterránea de magma, y solo se lo visualiza en la superficie en forma de una gran depresión como una caldera.

Lo que ocurre es que al no poder liberar presión por estar bajo tierra, el magma va acumulándose, inflando el terreno, aumentando la presión espectacularmente hasta que estalla.

Se sabe que en el supervolcán de Yellowstone, explosiones anteriores lanzaron rocas de tamaño considerable que podrían llegar desde América hasta Europa.

¿SE PUEDEN PREDECIR LOS TERREMOTOS?

Hace unas décadas atrás hubiésemos contestado negativamente, pero ahora, entendiendo con gran precisión el por qué se producen, podemos anticiparnos con cierta exactitud, midiendo sistemáticamente los numerosos temblores en cada región del planeta, e incluso escuchando los movimientos tectónicos en el piso océanico, y hasta anticiparnos estadísticamente, es decir llevando un registro histórico de todos ellos.

Divulgación Científica

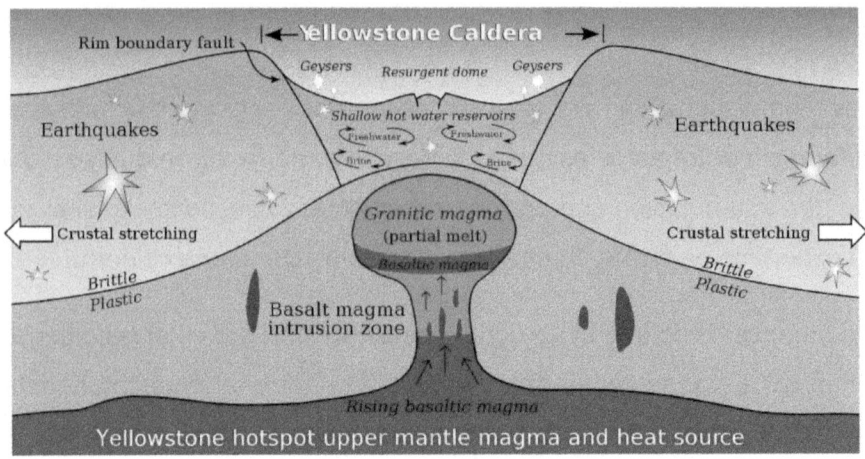

Hoy sabemos mucho de la geofísica de la Tierra, aunque estamos aún lejos de poder predecirlos con gran precisión. Sabemos que el Japón alberga estadísticamente el 20% de todos los terremotos violentos del pasado reciente, y que se espera un mega terremoto a lo largo de la costa sur del archipiélago (Nankai) y hasta Tokio, dentro de los próximos 30 años (2050).

Roguemos al Dios misericordioso que nos conceda sabiduría y así poder anticiparnos a ellos para mitigar tanto sufrimiento futuro.

ACERCA DEL AUTOR

Pedro Daniel Corrado nació el 9 de Mayo de 1961 en el distrito federal Buenos Aires, Argentina. Estudió en instituciones educativas salesianas, y se graduó en 1979 en el colegio Pio IX.

Posteriormente recibió el título de Ingeniero en Electrónica en el Instituto Tecnológico de Buenos Aires con diploma de honor en Julio de 1987.

Fundó una empresa de Tecnología en Información en 1991 llamada PATH Sociedad Anónima.

Desde el año 1998 trabaja con la tecnología de bases de datos Oracle y PostgreSql, y sigue con gran dedicación la evolución del lenguaje Java, así como todo lo relacionado con los formatos de almacenamiento de información XML, y gestión de documentos.

www.ingramcontent.com/pod-product-compliance
Lightning Source LLC
Chambersburg PA
CBHW061445180526
45170CB00004B/1569